LECTURE CONTEMPORAINE

GUY DE CHARNACÉ

ÉTUDES

D'ÉCONOMIE

RURALE

PARIS

MICHEL LÉVY FRÈRES, LIBRAIRES ÉDITEURS
RUE VIVIENNE, 2 BIS, ET BOULEVARD DES ITALIENS, 15
A LA LIBRAIRIE NOUVELLE

1863

ÉTUDES

D'ÉCONOMIE RURALE

771 — IMPRIMERIE POUPART-DAVYL ET C:e
Rue du Bac, 30

ÉTUDES

D'ÉCONOMIE RURALE

PAR

LE Cte GUY DE CHARNACE

PARIS

MICHEL LÉVY FRÈRES, LIBRAIRES ÉDITEURS

rue Vivienne, 2 bis, et boulevard des Italiens, 15

A LA LIBRAIRIE NOUVELLE

—

1863

A MM. les Membres de la Société d'Agriculture de Mayenne.

Permettez-moi de placer ce volume d'un enfant de la Mayenne sous le patronage de notre Société naissante. C'est principalement aux agriculteurs de l'ouest que j'ai songé, en étudiant, soit en France, soit en Angleterre, les principes et les méthodes qui ont répandu la richesse où régnait la misère.

Ce n'est pas sans fierté que j'ai constaté, dans mes excursions agricoles, que notre département était, en ce qui concerne la zootechnie, à la tête du progrès. C'est avec la même fierté et avec une grande joie que j'ai entendu, en 1862, proclamer vainqueurs de nos luttes pacifiques et nationales les éleveurs de mon pays natal. Il est également glorieux pour nous d'avoir obtenu dans ces derniers temps deux coupes d'honneur au concours de Poissy, car elles témoignent de l'état avancé de notre élevage comme aussi de la science et de la persévérance de celui qui a mérité ces hautes distinctions.

Cet élan parti de nos bocages, notre Société a pour mission de le seconder; les hommes intelligents et dévoués

1.

qu'elle a placés à sa tête sont pour tous un sûr garant de sa prospérité future et du bien qu'elle est destinée à répandre.

Je désire que ces études, publiées pour ainsi dire au jour le jour, mais que la pratique agricole m'avait rendues familières, puissent être de quelque utilité pour ceux que nous sommes appelés à guider dans la voie des améliorations, et je me regarderai comme suffisamment récompensé si ces notes obtiennent votre approbation.

Veuillez agréer, etc.

GUY DE CHARNACÉ.

PRÉFACE

—

Des faits d'une haute importance ont signalé l'année agricole de 1861-1862. A mesure qu'ils se sont présentés, nous les avons examinés sérieusement, soit dans *la Presse*, soit dans la *Revue germanique*. C'est une partie de ces études que nous avons réunies dans ce volume.

Chacun, à cette heure, comprend l'importance de l'économie rurale, et le gouvernement lui-même, il faut le reconnaître, s'en est sérieusement préoccupé dans ces dernières années. M. le ministre de l'agriculture n'a négligé aucune occasion de faire connaître au chef de l'État la situation du pays, les progrès accomplis et les noms de quelques-uns des hommes

auxquels nous les devons. Sur la proposition de
M. Rouher, ministre de l'agriculture, du commerce et
des travaux publics, plusieurs agronomes distingués
ont reçu dernièrement la croix de la Légion d'honneur, qui jadis ne s'accordait que rarement aux travailleurs de l'agriculture.

Le premier document qui nous ait été fourni cette
année dans les colonnes du *Moniteur*, c'est *l'Exposé de la situation de l'Empire*. On y rappelait
la lettre impériale du 18 août 1861, autorisant la
demande au Corps législatif d'un crédit de 25 millions pour l'achèvement des voies vicinales. Depuis
nous avons vu comment cette somme allait être répartie. L'œuvre à laquelle M. de Persigny a attaché
son nom et qui sera un des grands bienfaits de ce
temps-ci, Sully en avait été le promoteur. Cette idée
n'aura donc pas mis moins de trois siècles à faire sa
complète évolution.

Nous devons signaler aussi, en les approuvant, les
lois votées récemment dans le dessein de faciliter le
reboisement des montagnes, la mise en valeur des
biens communaux, la fixation et l'ensemencement des
dunes.

Si nous constatons l'amélioration des cours d'eau
et les travaux tendant à conjurer les dangers des inon-
dations, nous sommes forcé de dire que l'*Exposé* a

omis de nous apprendre ce qu'on a fait pour utiliser ces cours d'eau en vue des irrigations, et de nous montrer que le gouvernement se préoccupe des moyens de vulgariser le drainage. A-t-on encouragé la formation de grandes associations, en accordant des avantages sérieux aux compagnies qui manifesteraient l'intention de se constituer? Cependant ces sociétés traitant avec les particuliers à des conditions avantageuses pour les uns comme pour les autres, verraient bientôt accourir à elles nombre de propriétaires qui reculent aujourd'hui devant l'hypothèque prise sur la totalité de la valeur foncière par le Crédit foncier. N'avons-nous pas l'exemple de l'Angleterre, dont les sociétés de drainage ont accompli en si peu de temps des merveilles qui ont frappé les plus aveugles?

Bien des améliorations urgentes restent encore à entreprendre. La production du blé et de la viande est-elle bien ce qu'elle devrait être? Les populations des villes et surtout celles des campagnes vivent-elles dans le bien-être? Les ouvriers rendent-ils tous les services qu'on pourrait attendre d'hommes fortifiés par une nourriture abondante et réparatrice? A ces questions, nous répondrons : Non, la consommation de 97 millions d'hectolitres de blé pour 36 millions d'habitants n'est pas suffisante, et, en présence du rendement actuel qui est en moyenne d'environ 17 hectolitres par hectare, n'est-on pas en droit de dire que cette production pourrait être plus que doublée? La France doit, non-seulement se suffire à elle-même, mais encore elle doit ambitionner de devenir le grenier d'abondance de l'Angleterre, pays limité dans sa production par une étendue de territoire qui n'est pas en rapport avec sa nombreuse population.

Nous en dirons autant de la production de la viande, qui est très au-dessous des besoins, et indigne d'un pays aussi favorisé que le nôtre par le climat, l'étendue et la fertilité de son sol. L'ouvrier des villes ne se procure la viande qu'à un taux toujours trop onéreux, et le paysan n'a pu jusqu'ici la faire entrer dans son alimentation. Celle du porc est la seule qu'il se permette, et encore, dans certaines provinces, n'est-ce qu'une fois la semaine. Aussi qu'arrive-t-il? C'est que les ouvriers français ne font pas, à beaucoup près, la besogne d'un Anglais ou d'un Belge. Il importe donc au plus haut point que le gouvernement prenne des mesures pour pousser les éleveurs dans la voie de l'amélioration des races de boucherie, la plupart de nos races françaises manquant de précocité et étant d'un engraissement ruineux. En adoptant des races qui arrivent à leur complet développement en moitié moins de temps que nos vieilles races continentales, on doublerait facilement la production de la viande.

L'espèce ovine réclame surtout une régénération complète; nous n'hésitons pas à déclarer que de cette transformation dépend la fortune agricole de quelques-uns de nos départements, et il est du devoir de l'État de favoriser par des primes importantes l'importation d'un sang régénérateur. Il est encore un moyen de préconiser les races les plus productives et les instruments perfectionnés, devenus tout à fait nécessaires par la rareté de la main-d'œuvre, c'est de répandre l'instruction agricole dans les campagnes. Pour cela, il faut relever les fonctions d'instituteur primaire, favoriser l'établissement des institutrices dans les communes, et encourager les publications agricoles périodiques. Nous savons bien qu'on vient de créer des bibliothèques rurales, mais il ne faut pas oublier que le paysan a peu de temps pour lire, et que ce sont surtout des journaux à prix réduit qu'il serait utile de répandre, tant parce qu'ils sont d'une lecture plus facile que parce qu'ils arriveraient plus directement dans la ferme.

Nous ne sommes pas de ceux qui pensent que l'agriculture française aura toujours besoin de l'intervention de l'État; mais le temps n'est pas arrivé où elle peut se passer de ses encouragements.

Quelques députés ont eu, dans ces derniers temps, la louable idée de s'occuper un peu de l'état de notre agriculture. La chose est nouvelle, et de l'enquête à laquelle se sont livrés nos mandataires, peuvent découler d'heureuses conséquences. La première livraison de ce travail important vient de paraître à la librairie agricole de la *Maison rustique*. On lit à la première page : « La statistique est pour l'ouvrage que nous offrons à la France agricole le livre de loch du marin, qui lui sert à mesurer la distance parcourue et à se rendre compte de la distance à parcourir. C'est l'inscription du temple de Delphes, qui rappelait à celui qui se présentait dans le temple, qu'avant de demander au dieu le remède à ses maux, il fallait qu'il se repliât sur lui-même afin de les bien connaître. »

Le but de cette publication est de faire voir ce qu'est l'agriculture, ce qu'elle doit être, et les voies et moyens à suivre et à employer pour atteindre le but. Toutes les questions qui se rattachent à l'économie rurale ont été abordées; beaucoup n'ont été qu'effleurées, et très-peu sont résolues dans un sens ou dans un autre. Pourquoi donc cette « réunion d'hommes sérieux, » comme dit l'avant-propos, a-t-elle craint de se prononcer absolument? Pourquoi donc, dans une œuvre semblable, qui n'a d'autre vue que le bien public, s'inquiéter de ce que dira ou pensera tel ou tel électeur?

Chacun des rapporteurs a dit son mot sur le morcellement de la propriété, les uns en la redoutant, les autres en en faisant voir les avantages et inconvénients. M. le marquis d'Andelarre a seul, selon nous, dit le vrai mot de la situation : « Si le bien du pays exige qu'il y ait le plus possible de propriétaires, c'est-à-dire d'hommes attachés au sol et qui aient intérêt à ce qu'il ne tremble pas, le bien de l'agriculture exigerait qu'en ayant toujours le même nombre de propriétaires, il y eût moins de propriétés. »

Comment, après avoir exprimé une idée si conforme aux aspirations de notre société moderne, le député de la Haute-Saône repousse-t-il la seule solution possible du problème si heureusement posé par lui, en disant : « Quant à l'association, il n'y a pour le cultivateur d'association que celle de sa femme et de ses enfants; toute autre association le conduira à l'hôpital ! »

Comment, c'est dans un État démocratique que vous condamnez la seule force qui puisse remplacer celles qui naissaient des institutions féodales! Comment, c'est en 1862, au moment même où certaines de nos industries ont pu, grâce à l'association des capitaux, conquérir le premier rang dans la grande lutte pacifique ouverte au delà de la Manche, qu'une semblable parole émane du Corps législatif! Comment, l'association aurait créé ces innombrables réseaux de chemins de fer, qui sillonnent l'Europe, répandant sur

1.

leur passage la richesse et la civilisation, et vous voudriez la bannir du terrain de l'agriculture! Mais vous avez donc des yeux pour ne pas voir? En traversant ces vastes pâturages communaux, n'avez-vous pas remarqué un unique berger veillant à la garde de ces troupeaux si bigarrés, exemple frappant de l'association? Dans la contrée où le morcellement domine, n'avez-vous pas été frappé à la vue d'une charrue traînée soit par un cheval et un âne, soit par deux vaches? Eh bien, ne pensez-vous pas que ces animaux, qui le soir rentreront séparément à l'étable, ont été réunis pendant le jour sous le même joug par la loi bienfaisante de l'association? Ne vous est-il pas arrivé, au mois d'août, dans une promenade à la campagne, d'être attiré dans une cour de ferme par une activité et un bruit inaccoutumés? Arrivé là, n'avez-vous pas appris que les ouvriers et les attelages d'un voisin étaient venus donner aide et terminer la rentrée d'une moisson que la maladie des enfants de l'endroit aurait compromise? Ne pensez-vous pas que l'association puisse être d'un puissant secours pour l'acquisition de ces nouvelles machines, arrivées si heureusement pour remplacer des bras de plus en plus rares? Mais à quoi bon multiplier les exemples où l'association a soulagé tant de misères, relevé tant d'infortunes? Qui pourrait nier à cette heure, en face de tant de prodiges accomplis par l'association, le rôle immense qu'elle est appelée à jouer dans l'ensemble de nos institutions?

Un rapport du 7 septembre dernier, adressé par M. Rouher à l'Empereur, reconnaît les heureux effets produits par les concours. On sait que c'est au gouvernement de 1848 que nous devons cette institution, mais le régime actuel n'a rien négligé pour qu'elle porte de plus en plus le fruit qu'on est en droit d'attendre de la noble émulation que les concours engendrent parmi les classes agricoles. Quant à la création de la *prime d'honneur*, elle appartient tout entière au gouvernement impérial.

Le grand acte que nous voulons louer sans restriction, c'est l'inauguration du nouveau système douanier, c'est l'abandon de l'échelle mobile. Grâce à la législation libérale du 15 juillet 1860, la France a pu traverser, sans avoir à déplorer de trop affreuses misères, une année que les circonstances météorologiques ont rendue si funeste à la production des céréales. Maître dans ses mouvements, libre dans son essor, le commerce a pu porter sur le marché français plus de 12 millions d'hectolitres de blé en six mois! Malgré cette immense importation, le prix des céréales s'est maintenu à un chiffre plus que suffisamment rémunérateur.

On doit savoir que c'est à la suite du régime libéral

inauguré par sir Robert Peel que l'Angleterre s'est
lancée dans la voie du progrès agricole, et que depuis
elle a atteint des destinées prospères auxquelles aucune autre nation n'est encore parvenue. Eh bien,
jamais moment plus opportun ne s'est présenté pour
la France de suivre nos voisins dans la voie qu'ils ont
tracée. A chaque étape, l'éleveur français rencontrera
un jalon planté par un explorateur heureux, et l'espérance de trouver au but le succès mérité doit être un
stimulant pour tous. La France inaugure en ce moment
le règne de la liberté commerciale, et c'est aux conti-
nuateurs de l'œuvre de Robert Peel qu'il appartient
de donner le signal de cette lutte gigantesque entre
les peuples. Mais, avant de les lancer dans la carrière,
ne faut-il pas leur fournir les moyens de vaincre?
Aussi c'est avec regret que nous avons vu paraître
l'augmentation de l'impôt sur le sel, qui, en diminuant
une consommation qu'on aurait dû au contraire encourager, nuira certainement au progrès agricole. Nous
en dirons autant du relèvement de la taxe des sucres;
une loi qui les eût dégrevés, eût été un bienfait considérable, et, au point de vue financier, la consommation plus grande qui en serait résultée eût produit un
revenu qui eût balancé les avantages qu'on espère du
système proposé.

Qu'on le comprenne bien, les intérêts des diverses

industries d'un peuple sont solidaires, et un des moyens
les plus certains d'amener les nôtres à lutter avantageusement avec celles des peuples voisins est de
protéger l'agriculture, sur laquelle reposent l'avenir et
la prospérité de notre patrie.

ÉTUDES
D'ÉCONOMIE RURALE

I

DE LA PRODUCTION CHEVALINE

EN FRANCE

Un grand bruit s'est fait depuis deux ans autour de la question chevaline : journaux politiques, revues agricoles, brochures émanant de la plume des officiers des haras et des éleveurs, tous ces organes ont étudié et débattu les moyens à employer pour amener la production chevaline au niveau des besoins du pays.

Les esprits qui suivaient le mouvement de cette industrie, connaissaient depuis longtemps notre pénurie, notre infériorité en ce genre; cependant il fallut l'expédition de Crimée pour mettre à découvert notre détresse et montrer combien le ministère de la guerre éprouvait de difficultés pour remonter parfois notre cavalerie.

Au moment de la campagne d'Italie, la disette se fit de nouveau sentir; bientôt aussi, plusieurs États allemands, qui d'ordinaire nous envoyaient leurs chevaux, en prohibèrent l'exportation, et l'on peut ajouter que si la guerre d'Italie se fût prolongée, nous eussions manqué de chevaux propres à faire un bon service.

L'Afrique eut certainement comblé bien des lacunes en offrant à nos régiments de cavalerie légère des ressources admirables, mais la grosse cavalerie et la cavalerie de ligne eussent néanmoins chômé. Le gouvernement comprit cette situation précaire et nomma en 1860 une commission qui devait étudier cette question de la production chevaline.

On connaît aujourd'hui les conclusions auxquelles s'est arrêté le gouvernement, et le décret de réorganisation des haras nationaux.

Pour bien apprécier la situation, il est essentiel de remonter un peu loin dans l'histoire de la production en France, ce que nous ferons très-succinctement. Nous passerons en revue les différentes phases que l'élevage a dû traverser, afin de faire connaître quels sont les principes qui l'ont rendu florissant et ceux qui, au contraire, ont amené la ruine ou l'extinction de nos races. Lorsque nous aurons exposé les faits et leurs résultats, il sera facile au lecteur, nous l'espérons du moins, de se former une opinion, et c'est là notre but en publiant cette étude. Quant à nous, nous sommes venus à cette conviction profonde que, dans cette question comme dans tant d'autres, la liberté complète est le plus sûr moyen d'arriver à la prospérité d'une industrie.

I

Une des phases les plus brillantes de l'histoire de nos races chevalines est celle du moyen âge, époque à laquelle les gentilshommes habitant leurs domaines n'étaient occupés, dans les courts intervalles des combats, que de chasses et de tournois; en outre, le système de guerre, à cette époque, reposait presque entièrement sur l'emploi de troupes à cheval. Ces raisons portaient les hommes d'alors à améliorer sans cesse l'instrument de leur gloire et de leur puissance. Aussi les seigneurs étaient-ils en possession de tous les haras, qui, à en juger par les textes dont nous avons connaissance, étaient fort importants. Les écu-

ries des abbayes surtout renfermaient des sujets
d'élite; c'était là que les chevaliers allaient se remonter lorsque leurs suzerains les appelaient à la guerre.
Ces abbayes levaient la dîme sur les produits des
haras; elles avaient aussi des exploitations agricoles
où elles entretenaient des cavales. Une circonstance
qui enrichissait encore leurs écuries, c'est qu'il arrivait souvent que des chevaliers, venant dans les abbayes
chercher le repos des derniers jours, après une vie de
luttes de toutes sortes, y laissaient leurs chevaux de
bataille. Un des haras les plus célèbres de cette époque
était placé près de la forêt de Lions, en Normandie, et
appartenait à une abbaye.

Il est difficile de préciser quel fut au juste le caractère distinct de ces races du moyen âge; les images
qui les représentent ou les sceaux sur lesquels les
chevaliers aimaient à se faire graver n'en peuvent
guère donner l'idée, tellement l'art était encore gros-
sier. D'ailleurs les chevaux y sont couverts de drape-
ries et de fer, ce qui rend impossible de distinguer
la construction de l'animal; ce qu'il y a de certain,
c'est que ces chevaux étaient les plus célèbres de
l'Europe. Le poids énorme des cavaliers bardés de fer
fait supposer qu'ils étaient très-forts, mais que des
importations fréquentes depuis le xiiie siècle, de chevaux arabes, turcs et espagnols, avaient fini par
donner à nos races une certaine légèreté. L'Orient
était alors, comme il fut depuis, le grand haras du

monde entier, et les seigneurs en faisaient venir non-seulement des reproducteurs, mais encore leurs chevaux de combat. Le nom d'arabe donné souvent aux destriers du temps, dans nos anciens poëmes, vient à l'appui de cette opinion.

De tous temps les chevaux de la Gaule avaient été réputés les meilleurs. Apulée, dans ses *Métamorphoses*, les compare à ceux de Thessalie. Jules César et Pline les vantent aussi beaucoup. Ce dernier rapporte « que les guerriers gaulois, au retour de leurs conquêtes, vivaient au milieu de leurs cavales, uniquement occupés à multiplier l'espèce. » Cet exemple ne fut point suivi par les Francs, qui combattaient le plus souvent à pied. Les *Capitulaires* de Charlemagne nous apprennent que ce souverain s'occupa activement de l'amélioration de sa cavalerie, qui l'aida à porter si loin la gloire de nos aïeux.

Parmi les provinces qui fournissaient les meilleurs chevaux, il faut citer l'Aquitaine, l'Auvergne et le Béarn, où la noblesse et le clergé s'occupaient beaucoup de l'élevage. Déjà, à cette époque, ceux de la Bretagne, de la vallée d'Auge et du Cotentin étaient réputés excellents. La Gascogne recevait naturellement ses reproducteurs d'Espagne. Ces animaux, doués d'une extrême souplesse, avaient produit, avec les juments gasconnes, des chevaux estimés à la guerre pour la facilité avec laquelle ils pouvaient, dit un historien du temps, « virer en courant. »

Certains auteurs ont prétendu qu'à cette époque la jument était une monture affectée aux roturiers. Nous ne partageons pas cette opinion; nous voyons au contraire qu'on l'employait souvent dans les tournois : et cette coutume s'était conservée longtemps, comme on le voit dans une épître de Scarron à M. le Prince, qui nous représente le Cid monté sur une jument :

> Oh! que bientôt épouvanté du feu,
> Il tirerait son épingle du jeu,
> Et piquerait sa jument andaluse!

Nous inclinons plutôt à penser que les cavales étaient conservées le plus ordinairement pour exécuter les travaux des champs, concourant ainsi plus sûrement à la reproduction de l'espèce. Cette industrie était l'objet de soins minutieux, suffisamment motivés par les besoins d'alors, et on ne négligeait aucun moyen pour la perfectionner. Cependant, à cette époque, nous ne retrouvons pas traces de courses organisées régulièrement; nous ne rencontrons guère que des défis que se portaient entre eux les chevaliers.

Un des présents les plus estimés de ce temps-là était celui d'un cheval. Guillaume le Conquérant, à la bataille d'Hastings, montait un cheval d'Espagne qui lui avait été envoyé par un roi de ce pays. Il était d'usage que les vassaux offrissent des chevaux à leurs suzerains ; le roi Jean en recevait de ses sujets anglais, quoiqu'à cette époque l'Angleterre fût moins bien partagée que nous sous ce rapport.

On voit le cheval figurer dans nombre de transactions ; la veuve d'Herbert du Ménil offre un palefroi pour la garde de ses enfants. On lit aussi dans des mémoires du temps d'Henri II que ce prince, voulant donner une preuve de son estime à M. de La Rochefoucauld, prisonnier à Vienne, lui fit écrire pour lui dire qu'il lui donnerait, à son retour en France, le meilleur et le plus beau de ses chevaux, qui était un arabe, dont la renommée a conservé le nom ; on l'appelait *le Greq*. C'était en effet des qualités du cheval que dépendait en partie le succès du chevalier dans les tournois. Aussi Ronsard, dans une épître adressée à Henri III, dit :

> Un gentil chevalier qui aime de nature
> A nourrir des harats, s'il trouve d'aventure
> Un coursier généreux qui, courant des premiers,
> Couronne son seigneur de palmes et lauriers,
> Et couvert de sueur, d'escume et de poussière
> Rapporte à la maison le prix de la carrière ;
> Quand ses membres sont froids, débiles et perclus,
> Que vieillesse l'assaut, que vieil il ne court plus,
> N'ayant rien du passé que la monstre honorable.
> Si son maistre le loge au plus haut de l'estable,
> Lui donne avoine et foin, soigneux à le panser
> Et d'avoir bien servy le fait récompenser ;

L'appelle par son nom, et si quelqu'un arrive
Dit : « Voyez ce cheval qui l'haleine poussive
Et d'ahan maintenant bat ses flancs à l'entour,
J'étais monté dessus au camp de Moncontour.
Je l'avais à Jarnac : mais tout enfin se change. »
Et lors le vieil coursier qui entend sa louange
Hannissant et frappant contre terre, sourit,
Et benist son seigneur qui si bien le nourrit.

C'est seulement à partir du règne de Henri IV que
nous retrouvons dans les écrivains du temps des
descriptions qui nous initient aux qualités extérieures
du cheval. Un poëte, qui était aussi un homme de
guerre, du Bartas, nous a laissé ce portrait :

Ses paturons sont courts, ny trop droits, ny luez ;
Ses bras secs et nerveux, ses genoux décharnez.
Il a jambe de cerf, ouverte la poitrine,
Large croupe, grand corps, flancs unis, double eschine,
Col noblement vousté comme un arc my-tendu,
Sur qui flotte un long poil crespement estendu,
Queuë qui touche à terre et ferme, longue, espesse,
Enfonce son gros tronc dans une grasse fesse ;
Oreille qui pointuë a si peu de repos
Que son pied gratte champ ; front qui n'a rien que l'os ;
Yeux gros, prompts, relevez ; bouche grande, escumeuse ;
Nazeau qui souffle, ouvert, une chaleur fumeuse ;
Poil chastain, astre au front, aux jambes deux balzans,
Romaine espée au cul, de l'âge de sept ans.

Henri II fut le premier roi qui établit des haras
royaux, et ses successeurs continuèrent l'œuvre com-

mencée; Henri IV, dans une lettre à Sully, lui parle
de son haras de Meun. Au règne de Louis XIII finit la
première période de l'histoire que nous esquissons à
grands traits; avec elle aussi s'éteint la réputation de
nos races. Richelieu, en détruisant la féodalité,
Louis XIV, en appelant près de lui la noblesse de son
royaume, portèrent un coup terrible à une production
que la rivalité des seigneurs entre eux avait rendue
prospère. La France chevaline s'appauvrit bientôt à tel
point qu'elle devint tributaire de l'étranger.

II

L'État ne songea sérieusement à s'occuper de la
production chevaline que sous le règne de Louis XIV.
Par un arrêt du conseil, rendu le 17 octobre 1665, on
constitua les haras nationaux. La *Correspondance
administrative* donne des détails très-circonstanciés
sur les vues du monarque à ce sujet. Dans une circulaire aux intendants des provinces, nous lisons :
« Le roy, ayant estimé que le restablissement des
haras est fort important à son service et avantageux à
ses sujets, tant pour avoir en temps de guerre le

nombre de chevaux nécessaire pour monter la cavalerie, que pour n'estre pas nécessité de transporter
tous les ans des sommes considérables dans les païs
estrangers pour en acheter, a résolu d'y appliquer une
partie des sommes que Sa Majesté donne à la conduite de
son Estat à tout ce qui peut le rendre florissant. Et,
pour cet effet, elle a fait choix du sieur de Garsault,
l'un des escuyers de sa grande écurie, pour aller dans
toutes les provinces du royaume reconnoistre l'état
auquel sont lesdits haras, les moyens qu'il y a d'en
établir de nouveaux, et pour y exciter la noblesse. Et
comme ledit sieur de Garsault a un ordre particulier
de visiter exactement la Bretagne, où ils étaient autrefois les plus abondants, je vous conjure de lui donner
toute l'assistance qui peut dépendre de l'autorité qui
vous est commise, pour se bien acquitter de sa commission. »

Colbert seconda avec énergie les intentions de
Louis XIV et s'occupa très-activement de cette question. Son premier acte fut de distribuer des étalons
aux particuliers. On retrouve nombre de lettres adres-
sées par lui aux intendants des provinces, les conjurant
de lui faire parvenir des rapports sur l'état de la production. Il écrivait à M. de la Châtaigneray : « Mais
comme vous ne m'avez pas escrit sur ceste matière,
et qu'il y a encore aucun estalon de distribué dans
vostre généralité, je ne sçais si vous y avez pensé. Ne
manquez pas de me le faire sçavoir, et dans les visites

que vous ferez, excitez les gentilshommes à s'y porter, et, en ce cas, je vous envoyeray des estalons. »

Afin de se faire une juste idée de l'état de nos races, Louis XIV envoya donc M. de Garsault dans tous les pays producteurs de chevaux, en Normandie, en Auvergne, en Bretagne et en Limousin, afin que cet écuyer lui rendît compte des besoins des haras particuliers. Il lui ordonna en même temps d'acheter, pour les écuries royales, les chevaux les mieux conformés, ajoutant qu'il voulait non-seulement encourager l'élevage par des achats nombreux, mais encore « donner un prix particulier de cent écus ou de quatre cents livres à celui qui aura eu le plus beau poulain de la contrée. »

Au retour de ce voyage, Garsault partit pour l'Angleterre, où il acheta des étalons, que le roi remit ensuite aux mains des gentilshommes qui en avaient souhaité. Aux chevaux anglais on joignit des chevaux barbes, qui furent distribués dans les provinces où ils pouvaient convenir. Ceux qui les avaient reçus étaient tenus à adresser des rapports sur les résultats acquis. Un de ces gardes-étalons, du Plessis, écrivait à Colbert que, dans la généralité d'Alençon, il y avait eu onze cent cinquante et une cavales conduites aux étalons. Selon la coutume du temps, on avait attaché à cet emploi certains priviléges. « Pour obliger lesdits particuliers d'avoir le soin nécessaire pour l'entreténement desdits estalons, Sa Majesté a iceux deschargé et descharge de tutelle, curatelle, logement des gens de guerre, guet et garde des villes, mesme de la collecte des tailles et de trente livres d'icelle... »

Des agents de l'État reçurent, en outre, une mission d'inspecter les établissements d'élevage et d'y distribuer des primes. Ce système porta les plus heureux fruits ; les éleveurs, se voyant encouragés, acquirent bientôt eux-mêmes les reproducteurs qu'ils jugeaient les plus propres à améliorer leurs races. Un arrêt du 29 septembre 1668 accordait aux propriétaires d'étalons privés les mêmes avantages que ceux dont on avait favorisé d'abord les gardes-étalons. Par cet arrêt, qui contenait beaucoup de mesures gênantes, il était fait « défense très-expresse aux seigneurs des paroisses, gentilshommes et autres, de se servir par force et autorité desdits étalons, cavales et poulains. »

C'est à cette époque qu'on peut fixer la date et la création du haras royal de Saint-Léger, qui depuis fut transporté au Pin. On avait réuni là des reproducteurs mâles et femelles des races arabes, turques, espagnoles, anglaises et hollandaises, qui ne pouvaient que prospérer dans les pâturages déjà célèbres de la Normandie. Le marquis de Seignelay et Louvois, qui succédèrent à Colbert dans un court espace de temps, complétèrent encore l'œuvre du grand ministre. A partir de ce moment, les esprits préoccupés par les guerres n'entreprirent rien de nouveau pour l'amélioration des haras.

L'Auvergne était un des pays qui fournissaient les meilleurs chevaux; Lefèvre d'Ormesson nous apprend que les étalons danois avaient très-bien réussi dans cette province. Il demande qu'on lui envoie des reproducteurs de cette race. « Cependant, dit-il, dans les montagnes de l'élection de Riom, d'Issoire et de Brioude, il y a des cavales de bonne taille, dont les paysans prennent beaucoup de soin. Les chevaux d'Espagne et des barbes épais réussiraient très-bien pour tirer de bons chevaux de ces cavales. » La réputation des produits de ces pays s'est conservée jusqu'à nos jours; malheureusement, là comme ailleurs, la race primitive a disparu, et l'élevage du mulet, plus lucratif, a remplacé celui du cheval dans beaucoup d'endroits.

Tant de soins ne furent pas perdus. Pendant cette courte période de vingt-cinq années, la population chevaline s'éleva à près de deux millions d'individus. L'État possédait 3,239 étalons officiels; sur ce nombre, 965 étaient répartis dans les dépôts; 750 avaient été confiés par lui aux particuliers, et 2,124 appartenaient en propre à ces derniers. Ce qu'il importe d'établir, au point de vue de notre enseignement, ce sont les moyens auxquels on eut recours dans cette seconde période de l'histoire de notre production chevaline.

On l'a vu, Colbert chercha, à l'aide d'une nouvelle force, à remplacer les intérêts individuels qui avaient créé ces richesses hippiques que les seigneurs féodaux étalaient avec tant de pompe, et que la politique de Richelieu avait fait disparaître. Non-seulement le ministre de Louis XIV songea à immiscer l'État dans la production par la création des haras nationaux, mais encore il exhorta autant que possible les propriétaires qui habitaient leurs terres à augmenter et à perfectionner une production qu'on voulait rendre lucrative. Certes, tous les moyens alors employés n'ont pas notre approbation; les rouages sans nombre de l'administration de 1665 rendaient la pratique du système très-difficile et souvent vexatoire; en un mot, le principe lui-même de l'intervention directe de l'État est en désaccord avec nos idées actuelles sur l'économie politique; mais il ressort pour nous des nombreuses correspondances des agents de l'administration avec les producteurs, que cette intervention directe, cette immixtion dans les détails, n'avaient pour but que de montrer l'importance que le gouvernement attachait à la multiplication de l'espèce chevaline.

Tous les auteurs qui ont traité ces matières ne sont pas d'accord sur le système d'amélioration suivi alors; certains même vont jusqu'à dire qu'on n'en avait aucun et que le hasard présidait seul aux accouplements. Telle n'est pas notre opinion; nous voyons, au contraire, que les races étrangères importées sur notre sol furent distribuées dans les contrées qui offraient le plus d'analogie avec celles qui les avaient vues naître et judicieusement entées sur celles avec lesquelles elles avaient quelque affinité. C'est ainsi qu'on plaçait en Navarre et en Limousin les étalons venus de Barbarie, de Turquie, d'Espagne et du royaume de Naples, et qu'on réservait pour la Normandie ceux venus du Nord. Cependant il est à peu près hors de doute que les barbes furent, avant comme après le règne de Louis XIV, répandus sur une grande quantité de points. Selon la nature du sol et les circonstances au milieu desquelles on pratiquait le croisement, les produits tenaient plus ou moins de ce type, qu'on distingue entre mille. Dans le pays où la culture des céréales et les prairies permanentes étaient en usage, tels que la Normandie et le Perche, la race avait pris un développement qui tendait toujours à s'accroître avec la fertilité du sol, et, malgré le volume considérable auquel sont parvenus les chevaux percherons, on reconnaît toujours dans la tête de ce vaillant animal le noble sang infusé dans ses veines à plusieurs reprises.

Dans les contrées montagneuses, au contraire, le caractère de la race devait différer en tous points. Un sol moins riche, une agriculture moins avancée, une production de grains insuffisante, des herbages peu nourrissants ne pouvaient produire que des chevaux plus petits et plus minces. Cependant les chevaux d'Auvergne, ceux du Limousin, de la plaine de Tarbes et des Pyrénées, malgré leur taille exiguë, réunissaient des qualités de force et d'énergie, que des croisements mal entendus ont en partie détruites depuis. Notre cavalerie légère trouvait, il y a encore vingt ans, dans ces différentes régions, des chevaux d'une grande rusticité et d'une force qu'ils tenaient de leurs pères. Les limousins surtout avaient une réputation européenne comme chevaux de selle ; aussi, à cette époque, un cheval vendu 1,500 francs n'était pas une rareté. Ils avaient la tête petite, le front large, l'œil saillant, les narines ouvertes, l'encolure légère, une poitrine bien descendue, si ce n'est très-large, le garot élevé, un rein bombé, une croupe parfois inclinée à la façon des irlandais, et des membres d'acier. Ces chevaux étaient très-recherchés pour la chasse, car, outre qu'ils sautaient généralement bien, ils étaient d'une adresse extrême.

Le cheval de la plaine de Tarbes était plus petit et se rapprochait beaucoup du type arabe ; il avait aussi plus d'élégance, la croupe était horizontale et la queue attachée très-haut ; ses membres étaient beaux, cependant d'une qualité inférieure à ceux du Limousin.

Je dirai aussi deux mots du cheval du Morvan, qui, comme nous l'avons vu, avait été amélioré par des étalons danois. Le morvandau était de taille moyenne, d'un aspect commun, mais ne manquait pas d'originalité. Il était *près de terre*, très-vigoureux, trottait assez vite et d'une façon soutenue. Le Morvan étant un pays de chasse à courre, les gentilshommes de cette contrée y trouvaient des chevaux très-propres à cet exercice.

A des degrés différents, toutes nos races avaient acquis en Europe une grande réputation. Elles s'étaient constituées et améliorées sans cesse par l'emploi de reproducteurs en harmonie avec le caractère de la race locale et la nature du sol. L'élevage, encouragé par toutes sortes de moyens, avait pris partout et suivant la nature du terroir, un cachet d'homogénéité et de fixité, signe obligé d'une complète réussite. Aussi le commerce et l'administration de la guerre, certains de trouver dans telle ou telle province les différents modèles dont ils avaient besoin, pouvaient opérer leur achats dans des conditions également favorables à l'éleveur et à l'acheteur. Que sont devenues toutes ces races? C'est ce que nous verrons tout à l'heure.

Malgré les mesures répressives contenues dans les règlements de l'administration d'alors, on reconnaît facilement que l'État n'a jamais eu la pensée d'accaparer toute la production, sachant parfaitement qu'aucun budget n'y pourrait suffire. Toutes les vues de Colbert et de ceux qui le secondaient portaient, au contraire, sur les encouragements qu'on devait distribuer à l'industrie privée, pour la stimuler. Les dons d'étalons, de poulinières, les primes de toutes sortes viennent attester cette vérité.

III

Cette situation prospère se prolongea environ jusqu'à l'année 1770, époque à laquelle l'administration
ne sut pas améliorer un système qui n'était plus en
rapport avec les idées nouvelles. On commença dès lors
contre elle une guerre qui devait précipiter sa chute.
Bourgelat et autres signalent la négligence des inspecteurs des haras d'une part, et de l'autre les obstacles
et les mesures restrictives qui, après avoir produit à
leur moment un certain bien, étaient devenus intolé-
rables. La production se ralentit tout à coup, et, en
1788, on estimait à quatre millions et demi la somme
des importations. Cette situation fut dénoncée à l'Assemblée constituante, et un débat assez vif s'éleva sur
ce sujet. Il fut démontré que la production chevaline
était l'objet de dépenses énormes, et que la loi qui
l'avait remise entre les mains de quelques privilégiés
blessait les droits de chacun. On fit valoir que le
mauvais état des races était une preuve de l'insuffisance de l'administration, et on insista pour sa suppression radicale. On demanda justement l'émancipation

complète de l'industrie privée et la libre concurrence dans la production. L'heure de la liberté avait sonné, et dans la séance du 29 janvier 1790 la destruction des haras fut prononcée. Voici ce que nous lisons dans le compte rendu inséré au *Moniteur universel* :

« On met aux voix l'article 1er du projet, ainsi conçu :

» Le régime prohibitif des haras est aboli.

» Cet article est décrété.

» Après une foule d'amendements et de réductions proposés, l'Assemblée décrète le deuxième article en ces termes :

« Toutes les dépenses relatives aux haras sont sup-
» primées à dater du 1er janvier courant ; il sera pourvu
» à la dépense et entretien des chevaux en la forme
» accoutumée, jusqu'à ce que les assemblées des dépar-
» tements aient statué à leur égard. »

V

L'Assemblée, dans sa précipitation à détruire une institution fondée sur le privilége, eut le tort de ne la pas remplacer par un système en harmonie avec les tendances qui se manifestaient de toutes parts. Le vicomte de Noailles, qui vota pour l'abolition des haras, en déclarant que « toute distinction, toute prohibition étouffait l'industrie, » mais qui ajoutait qu'il fallait « prendre des précautions pour ne pas s'exposer à perdre les frais immenses qu'avaient coûtés ces établissements, » aurait dû proposer un amendement au décret ; il ne le fit pas, et l'Assemblée sembla reconnaître que la production chevaline ne la préoccupait pas. Cet abandon complet, joint aux agitations du temps, aux réquisitions, à l'émigration qui entraînait sur la terre étrangère une noblesse ruinée, porta un coup terrible à l'élevage. La Convention nationale le reconnut et rendit, le 2 germinal de l'an III , un décret qui rétablit les haras de Pin, de Pompadour et de Rozières, dans lesquels on replaça des reproducteurs mâles et femelles appartenant aux différents types des pays où ils étaient situés. Cette mesure était bien insuffisante ; on s'en aperçut promptement, et le Directoire remit la question à l'étude, en appelant sur elle la méditation du Conseil des Cinq-Cents. Une commission fut nommée, et Eschasseriaux jeune chargé de la rédaction du rapport. Voici les trois systèmes que l'on discuta :

« 1° Doit-il être pourvu à l'amélioration de l'espèce chevaline par le moyen d'étalons appartenant à la république et distribués, dans cette intention, à des particuliers?

» 2° Se bornera-t-on, pour cet effet, à l'emploi d'étalons possédés par des citoyens qui consentiraient, sous la condition d'une indemnité, à les affecter au service public ?

» 3° Enfin, serait-il plus convenable, pour atteindre ce but, de former des dépôts sur les diverses parties du territoire de la république ? »

Le rapport concluait à l'intervention à la fois indirecte et directe, c'est-à-dire qu'il proposait le rétablissement des anciens dépôts d'étalons, et aussi celui des primes. L'ensemble de la dépense devait s'élever au chiffre de 846,000 francs, dans lequel les primes entraient seulement pour 250,000.

Ce projet n'eut pas l'honneur d'une discussion et resta dans les cartons. Si nous l'avons mentionné, c'est afin de ne laisser ignorer aucune des vues émises pour la solution du problème que nous étudions, et pour faciliter à chacun la conclusion de ce travail.

L'état d'abandon dans lequel fut laissée la production chevaline dura dix-sept ans; Huzard, dans son ouvrage sur l'*Amélioration des chevaux en France*, nous a laissé un tableau de la situation hippique de cette époque. « Il faut convenir, dit-il, que les convulsions et les crises de tous genres qui ont signalé d'une manière si effrayante les premiers élans de la nation française vers la liberté, que surtout les besoins toujours plus pressants, toujours plus impérieux de plusieurs guerres à la fois, ont porté le dernier coup à cette branche si florissante des productions de notre sol, par

l'appauvrissement, l'inquiétude et le découragement
du cultivateur, forcé de sacrifier à tous les instants sa
fortune au service de la nation.

» De longtemps il n'oubliera les réquisitions et la
manière désastreuse dont le plus grand nombre d'entre
elles ont été faites. C'était peu d'enlever les chevaux
et les juments qui auraient pu soutenir la beauté et la
bonté de nos races ; c'était peu d'arracher sans discernement au commerce et à l'agriculture tout ce qui
pouvait servir aux armées ; le choix tombait encore, et
de préférence, sur l'étalon, sur les juments poulinières,
sur les poulains de la plus belle espérance, dans lesquels la taille et la force avaient pu devancer l'âge.

» Enfin, les choses en étaient venues au point que les
plus beaux chevaux, jadis l'orgueil du laboureur,
devenaient pour lui un sujet de crainte et une cause de
misère, qui le forçaient, pour son propre intérêt, à
s'en débarrasser à quelque prix que ce fût, pour
échapper au fléau de la réquisition, et à les remplacer
par des individus tarés et assez défectueux pour être
jugés indignes ou plutôt incapables de faire le service
des armées.

» On a vu le cultivateur, à cette époque, rejeter les
animaux de choix, s'attacher de préférence à ceux de
rebut, et, ne prévoyant pas le terme de ses craintes,
tirer volontairement race de ces derniers pour assurer
au moins ses travaux et sa fortune. On l'a vu faire
saillir des poulains, pour faire porter des pouliches

longtemps avant que les unes et les autres eussent acquis les forces nécessaires et le développement dont ils avaient besoin. »

Cependant, à cette situation précaire, à ce découragement général parmi les éleveurs, succéda, vers 1802, une sorte de confiance dans l'avenir. L'industrie privée comprit bientôt qu'il était de son intérêt de produire, sinon bien, du moins beaucoup, pour satisfaire aux besoins du commerce aux abois ; on vit chacun se remettre à l'œuvre et chercher les débris de notre ancienne prospérité pour en former des pépinières utiles. Les circonstances exigeaient qu'on réparât les dommages occasionnés par quinze années de guerre, et Napoléon eut l'idée de faire entrer l'État dans cette restauration. Plein de confiance dans les bons résultats qu'il était en droit d'attendre des courses, il institua, par décret en date du 31 août 1805, des courses publiques dans les départements où l'élevage du cheval avait pris le plus d'extension. Cette idée excellente aurait dû conduire l'empereur à encourager seulement, par des primes importantes, l'industrie privée, qui commençait à se pénétrer du rôle qu'elle avait à jouer. Cependant il n'en fut rien, et lui aussi songea à reconstituer l'administration des haras. En conséquence, le 4 juillet 1806, les haras nationaux furent rétablis ; ils se composaient de deux écoles d'expériences, de six haras et de trente dépôts d'étalons. Une dotation annuelle de deux millions devait être affectée à ce service.

3

En étudiant ce décret, il est visible que, dans la pensée du législateur, cette organisation était transitoire. Ce qui le prouve, c'est que, d'une part, il fixait le chiffre maximum que ne devait pas dépasser le nombre des étalons de l'État, et que, d'une autre, on ne limitait pas les secours qu'on devait distribuer en encouragements. L'empereur avait bien compris que des horizons trop bornés auraient arrêté l'élan de l'industrie privée; loin de la paralyser, il ne voulut que lui donner l'impulsion et la mettre à même d'hériter un jour du rôle que lui léguerait l'administration en se retirant. Il voulut seulement prouver aux éleveurs qu'il avait la plus vive sollicitude pour une branche si importante de notre agriculture, et qu'à mesure qu'elle se développerait, les primes s'accroîtraient aussi en nombre et en valeur. L'acte constitutif des haras portait que les étalons devaient être choisis parmi ceux qui avaient été primés dans les concours agricoles, ce qui prouve que, l'industrie privée n'était pas regardée comme incapable. Les encouragements donnés sous forme de primes étaient si bien considérés par Napoléon comme le meilleur système, que, dans un message qu'il adressait au Sénat et au Corps législatif, le 20 février 1803, il disait : « Notre culture se perfectionne ; dans tous les déparements, il est des *cultivateurs éclairés qui donnent des leçons et des exemples.* L'éducation des chevaux *a été encouragée par des primes.* »

On ne peut nier que la période qui suivit le décret de

1806 ne fût une époque heureuse pour la production ;
les idées mises en avant par les hommes chargés de la
diriger étaient en tout point conformes aux principes
scientifiques sur lesquels doit être établie toute amélioration. Un assez grand nombre de reproducteurs orientaux, ramenés de notre expédition d'Égypte, furent
disséminés sur différents points du territoire, et partout
où fut infusé ce sang généreux, les fruits témoignèrent
de l'excellence du croisement. On respecta aussi la
pureté des races; on conseilla, en donnant l'exemple
dans les jumenteries nationales, l'appareillement des
reproducteurs choisis dans le berceau des familles
locales, à l'exclusion de tout métissage étranger. Enfin
le chef de l'État voulut que ses écuries ne fussent
remontées que dans les herbages français, et ceux qui
l'entouraient se hâtèrent de suivre l'exemple qui leur
était donné. Il est certain que ce moyen d'encouragement réagit efficacement sur la production, qui se trouvait déjà dans des conditions excellentes, même
exceptionnelles. En effet, les guerres que soutenaient
la Prusse, l'Autriche et la Russie, avaient porté un
coup terrible aux races hippiques de ces différents pays,
qui n'étaient plus en mesure d'exporter chez nous leurs
produits; de plus, notre situation vis-à-vis de l'Angleterre empêchait aussi le commerce de porter son argent
de l'autre coté du détroit. La France, forcée de se suffire à
elle-même, rassembla donc toutes ses ressources, et
les résultats d'alors prouvèrent que toute vigueur, que

toute énergie n'étaient pas détruites dans nos races, et qu'un débouché certain était la plus efficace des excitations.

Mais comme les plus belles choses ont le pire destin, il arriva un moment où la disette de chevaux se faisant sentir dans les pays qu'occupaient nos armées, il fallut de nouveau, après la campagne de Russie, pressurer l'élevage, qui eut, en quelques mois, à fournir plus de trente-cinq mille chevaux. Bientôt l'ennemi, longtemps vaincu, entra sur le sol français, et ses représailles portèrent, entre autres, d'une façon terrible sur la population chevaline, que décimèrent bientôt des réquisitions sans merci.

Ces dates de 1814 et de 1815 comptent parmi les plus funestes qu'ait à enregistrer l'histoire de la France chevaline.

V

Nous arrivons maintenant à la période qui commence en 1815 et qui vient finir en 1833. C'est de l'époque de la Restauration, qui aurait dû devenir une ère de prospérité pour nos races, que date, au contraire, leur abâtardissement. L'administration, protégée par la paix, soutenue par un budget important de près de deux millions, loin de marcher dans la voie qui lui avait été tracée par ceux qui avaient deux fois relevé notre population chevaline décimée, marcha à l'aventure dans la voie des améliorations. Sans principe, sans savoir et sans zèle, elle livra tout au hasard. Elle commença par acquérir quelques étalons de race pure en Angleterre, les plaça dans les dépôts de la Normandie, et les produits qui résultèrent de l'accouplement de ces chevaux avec la jument normande servirent de base à une prétendue régénération. On voulut créer un type uniforme dans toutes les provinces du royaume, et on échoua dans cette tentative en opposition avec les lois de la nature. Comme nous l'avons vu, à deux époques différentes, par le système *in and in*, on avait relevé nos races avilies en se gardant bien de les mêler entre elles. Loin de nous la pensée que nos chevaux d'alors répondissent aux exigences que les progrès d'aujourd'hui ont créées. Les modèles admirables et si divers que le commerce de luxe importe en France, depuis la Restauration, nous ont rendus difficiles, et il est certain que les chevaux du bon vieux temps feraient triste figure aujourd'hui. Mais il n'en est pas moins vrai que, si l'administration de 1815, chargée de guider les éleveurs, eût été mieux inspirée, et qu'elle eût procédé comme ses devancières, d'abord par l'appareillement de sujets d'une même localité, et ensuite par le croisement avec les races pures, elle fût bientôt arrivée aux résultats que nous constatons chez nos voisins. Dans les statistiques officielles, on voit que les étalons de demi-sang normand forment à eux seuls les trois quarts de l'élément améliorateur. Un type ne peut perpétuer ses qualités qu'à la condition d'appartenir à une race fixe ; les métis employés par l'administration ne pouvaient donc transformer les races auxquels ils s'attaquaient. De cette faute énorme vient tout le mal que nous constatons ; c'est à cet oubli des principes de la zootechnie et de la physiologie qu'il faut attribuer l'extrême lenteur que nous avons mise à créer des sujets qui satisfassent aux besoins du commerce et de l'armée.

Cette faute et bien d'autres moins importantes, que nous passons sous silence, fut vivement sentie par les hommes pratiques de l'époque, et les attaques contre les *haras* nationaux recommencèrent. En 1829, M. de Martignac, ministre de l'intérieur, nomma une commission pour l'examen de la question de la production. Le rapport dressé par cette dernière concluait à une augmentation des moyens d'action de l'administration. Jamais, en ces matières, idées plus chimériques, moins progressives et plus onéreuses au trésor ne furent proposées et en partie acceptées. Ce travail tendait tout simplement à l'absorption complète de la production par l'État. Ce qui avait été jugé impraticable au siècle précédent, on voulait le mettre en pratique dans un temps où on avait cependant pour guide les leçons du passé. On demandait que les saillies des étalons fussent gratuites, et que les chevaux destinés au service des remontes de l'armée fussent achetés dans leur bas âge et placés dans des établissements de l'État. Est-il possible d'émettre des idées plus absurdes, et n'est-il pas étonnant de voir des généraux et des maréchaux de camp, des inspecteurs des haras et de grands propriétaires solliciter des mesures que condamnent les lois les plus simples de l'économie politique?

Ces tendances n'étaient pas faites pour calmer les appréhensions de quelques hommes qui voyaient clair dans la question, et en 1831 et 32 M. d'Argout, ministre du commerce, leur donna satisfaction. Il nomma une commission qui concluait à la conservation des haras, mais à la diminution du nombre des dépôts. Quelques-uns de ceux-ci, situés dans des pays moins favorables à l'élevage, furent supprimés, et, partant, une réduction dans les dépenses fut arrêtée.

VI

Pendant que l'administration des haras était en train de se perdre complétement dans l'esprit public, une société particulière se fondait à Paris, en 1833, dans le but de régénérer nos races par le pur sang. Les hommes intelligents qui la composaient, frappés de la grande supériorité des races anglaises sur celles du continent, résolurent d'appliquer chez nous les prin· cipes qui avaient fait la fortune de nos voisins. Forts de leurs bonnes intentions et de l'excellence des moyens, ils se mirent à l'œuvre, et de quelques membres qu'ils étaient au début, ils sont arrivés à former une société puissante. Des nombreuses associations tentées de nos jours, celle-ci est une des très-rares qui aient atteint le but qu'elles s'étaient proposé. Le titre qu'elle prit de *Société d'encouragement pour l'amélioration des races en France*, elle l'a justifié, et c'est à elle que nous sommes redevables des progrès accomplis en ces dernières années. Elle s'est appuyée sur un principe vrai, incontestable ; et avec une persévérance bien rare dans l'esprit français elle est venue à bout de grouper autour d'elle nombre de sociétés départementales, presque toutes prospères aujourd'hui.

Personne ne niera, après avoir étudié la question que nous traitons, que, de tous les croisements tentés par nos pères ou par nous, celui qui a le mieux réussi, nous pourrions même dire le seul qui ait complétement réussi, c'est le croisement avec le sang arabe. Dans tous les temps, les races qui, de près ou de loin, tenaient à ce type merveilleux, le cheval arabe, sont celles qui ont été les plus célèbres. Eh bien, le cheval qu'on est convenu d'appeler de pur sang n'est autre chose que le cheval arabe, agrandi, fortifié par un climat et une nourriture plus propices que les sables d'Arabie à un grand développement corporel. Ce noble sang, que des soins inouïs ont su préserver de toute mésalliance, est l'agent indispensable et fécond de toute amélioration. Ce n'était point assez de faire accepter ce principe en dehors duquel il n'y a que tâtonnements et déceptions ; il fallait encore reconnaître et répandre l'utilité des courses. Ces épreuves sont le *criterium* le plus sûr des qualités du cheval, et de toute antiquité elles ont été conseillées par les plus autorisés. D'ailleurs, comment douter de leur influence salutaire, lorsqu'on connaît les phases par lesquelles doit passer le cheval de course ? A deux ans, le poulain de pur sang reçoit un premier dressage, et commence, deux ou trois mois plus tard, la forte préparation qu'il doit subir avant d'arriver au poteau de départ, l'*entraî-*

3.

nement. Dès lors chaque jour devient un jour de travail et de labeur pour le jeune cheval ; il galope ainsi pendant six mois et subit les épreuves les plus fortes avant de pouvoir entrer en lice. Une fois par semaine, le poulain prend une suée, chargé d'un poids énorme de couvertures ; il parcourt 1,000 ou 1,200 mètres à l'allure la plus vite, afin de développer et de fortifier ses poumons et de débarrasser ses muscles de toute graisse inutile et gênante. Nourri fortement avec le grain de meilleure qualité, le cheval est fort, robuste, resplendissant de santé, et rien n'est plus beau qu'un cheval de course amené à une bonne condition. Sa puissante stature ressort dans toute sa splendeur, et, à le voir avant la course humer l'air avec anxiété, on peut le comparer, à juste titre, au vigoureux athlète des jeux olympiques se préparant à la lutte. Mais, pour un cheval que l'on parvient à conduire sur l'hippodrome, combien n'en a-t-on pas sacrifié de plus faibles qui, ne pouvant supporter l'entraînement, sont forcés d'abandonner ce rude métier ! Aussi, quand un cheval de course a pu résister deux ou trois ans au travail de l'entraînement, que, mieux encore, par ses victoires, il a prouvé sa supériorité, qui peut nier que ce ne soit à un étalon hors ligne ? Si, à la suite des épreuves sans nombre qu'il a subies, ses membres offrent à l'observateur minutieux quelque chose à reprendre, ne doit-on pas considérer plutôt cette légère imperfection comme une noble cicatrice d'un noble vétéran, au lieu de le mettre à l'index avec fureur? Et, cependant, que d'étalons de pur sang nous pourrions citer avec des membres d'une netteté irréprochable! D'ailleurs quel est donc l'étalon de l'espèce chevaline qui soit si long-temps et si laborieusement éprouvé que le cheval de course? Serait-ce l'étalon demi-sang, presque sauvage ou à peine dressé, ayant, jusqu'à la vente, dévoré dans l'oisiveté des masses énormes de fourrage, et que l'on fait trotter pendant dix minutes pour juger de ses allures? Pourquoi donc faire au demi-sang un si grand mérite de la netteté de ses jambes? Si cet énorme co-losse avait été soumis, je ne dirai pas à l'entraînement du cheval pur sang, mais à un entraînement relative-ment moins fort, en serait-il sorti aussi net que lorsqu'il arrive de la prairie? Et, pourtant, l'entraînement est l'exercice le plus salutaire pour le cheval, quand même il le tare. Cette vérité est unanimement reconnue; et tout le monde sait que le poulain aux membres les plus défectueux, incapable de résister à une préparation régulière, mis en service, soit comme cheval de chasse ou d'attelage, devient, par son énergie et son *fond*, un des meilleurs serviteurs. Que penser alors de l'é-talon qui, non-seulement a supporté l'entraînement, mais les courses, sur un terrain souvent aussi dur que le marbre, et dont la carrière est glorieusement par-semée de victoires? N'a-t-on pas alors le droit de pro-clamer ce cheval le premier reproducteur du monde?

À son avénement, la *Société d'encouragement* pu-

blia une sorte de manifeste, afin qu'on connût bien ses
idées et les moyens qu'elle entendait prendre pour les
réaliser. Voici ce document :

« Les sousignés, frappés de la décadence de plus
en plus croissante des races chevalines en France, et
jaloux de contribuer en les relevant à créér dans ce beau
pays un nouvel élément de richesse, se sont réunis
pour aviser aux moyens d'y parvenir.

» Il ne leur a pas été difficile de constater les causes
du mal ; sans les énumérer ici, une, entre autres, méritait leur sérieuse attention. Le manque d'encouragement accordé aux éleveurs de *pur sang* réduit depuis
longtemps cette industrie à l'inaction et à la stérilité ;
et cependant rien n'importait plus que de la secourir
et de lui donner tous les développements imaginables,
car elle seule (et cela n'est plus contestable aujour-
d'hui) peut parvenir à doter la France des espèces légères qui lui manquent, et l'affranchir enfin un jour du
tribut annuel qu'elle paye aux étrangers. C'est donc à
la propagation des races pures sur le sol français qu'ont
dû tendre particulièrement les efforts des soussignés,
et c'est dans le but de concourir de tous ses moyens à
les multiplier, qu'est fondée la *Société d'encouragement pour l'amélioration des races de chevaux en
France.*

» Depuis longtemps, des théories arbitraires ser-
vaient, dans le pays, de guide à nos éleveurs ; on y
avait procédé sans aucun succès à des essais de toute

nature, à des combinaisons, à des croisements de tout
genre pour améliorer nos races, et le gouvernement
n'avait pas été plus heureux que les particuliers dans
ses recherches. Cependant la paix, en rendant plus
fréquentes nos relations avec l'Angleterre, nous permit
d'étudier plus attentivement les principes qui la diri-
gent dans l'art de produire et d'élever les chevaux ;
quelques esprits observateurs, que n'arrêtaient pas
des routines insensées ou d'étroites considérations,
n'ont pas tardé à acquérir la conviction que l'immense
supériorité de nos voisins d'outre-mer, dans cette
branche d'industrie, devait s'attribuer surtout à l'influence des courses, qui, alimentées par des chevaux
de race, faisaient refluer continuellement le sang pur
dans la circulation, et amélioreraient de cette manière,
de plus en plus, chaque année, la population chevaline
par l'intervention de ces croisements salutaires. Il
était tout simple alors, profitant des observations
recueillies en Angleterre depuis trois cents ans, de
s'approprier une expérience acquise en important chez
soi des méthodes éprouvées, sans perdre de temps à
chercher à faire mieux que les Anglais ; car on ne pourrait raisonnablement pas espérer les surpasser. Il y a
néanmoins, il faut le croire, bien de la difficulté à dé-
raciner en France certains préjugés, puisque nous
sommes forcés de reconnaître que toutes les vieilles
préventions contre tous les procédés employés en Angleterre, et en particulier contre les courses de che-

vaux, ne sont pas encore évanouies. Il est facile de
voir, en effet, à la modicité des prix de course fondés
par le gouvernement, combien peu l'administration
des haras semble lui accorder d'importance. Et pourtant, il est impossible de le nier, l'opinion publique
paraît en progrès sous ce rapport. Il existe un besoin
général de donner aux courses une plus grande impulsion ; ce besoin se fait sentir tous les jours davantage,
et la Société n'est ici que l'organe de toutes les personnes éclairées, en déclarant qu'elle regarde les
épreuves comme le moyen d'amélioration le plus capital qu'on puisse employer. Aussi croit-elle devoir
réunir tous ses efforts pour les multiplier de plus en
plus en France. »

La publication de cette pièce porta un coup terrible
à l'administration des haras, et il y fut démontré qu'au
lieu de se mettre résolument à la tête du progrès, elle
se laissait devancer par les sociétés particulières et
traîner à la remorque. Car enfin il faut rendre aux
haras cette justice, qu'ils ont approuvé en partie le programme que nous venons de citer. S'ils n'ont pas aidé
davantage à la réussite de l'œuvre, très-complète aujourd'hui, c'est que le déplorable système qu'ils représentent ne leur a pas permis de distraire de leur budget
les fonds qui leur sont nécessaires pour couvrir les
dépenses de leurs dépôts. Étendre leur importance et
leur action, tel a toujours été leur désir ; ils n'y ont
jamais failli, et sont encore aujourd'hui, à cet égard,

ce qu'ils étaient hier. Fidèles à cette pensée d'agrandissement, ils fondèrent en 1844 l'école spéciale des haras, qui fut placée au Pin. C'est là que pendant plusieurs années l'administration choisit ses agents; ils devaient y apprendre l'équitation et y suivre des cours d'hippiatrique. Un haras était annexé à l'établissement; ils devaient y prendre des connaissances pratiques de zootechnie. On le voit, l'administration, en demandant une sorte d'école d'application, affirmait une fois de plus l'absolue nécessité de son existence; elle élargissait la base d'un édifice miné à plusieurs reprises, déjà renversé une fois, et qu'elle voulait mettre à l'abri de nouvelles secousses. Ce plan n'était pas destiné à un si heureux sort, et l'école tomba, quelques années après sa fondation, devant les récriminations générales.

En effet, pendant que les haras ne songeaient qu'à leur propre importance, l'industrie privée se développait autant que les entraves dont l'administration l'avait gratifiée le lui permettaient. On s'aperçut enfin que, loin de stimuler la production, on l'avait découragée par une concurrence que l'industrie privée ne pouvait soutenir. En 1848, le gouvernement, voulant se mettre à l'abri de tout événement, constitua un comité de défense, et les agents des remontes et les haras y furent appelés. Des appréhensions très-vives se manifestèrent: l'administration de la guerre déclara que si la paix venait à être troublée, la cavalerie ne

trouverait pas à se monter, et on décida qu'une remonte importante devait s'opérer en Allemagne.
Disons là que l'Angleterre et l'Allemagne n'étaient
point restées stationnaires; cette dernière s'était re-
levée de ses désastres, et n'a jamais cessé de combler
le déficit de notre production. M. Gayot, alors directeur général des haras, s'opposa énergiquement à cette
idée de recourir à l'étranger, en déclarant que les éleveurs français étaient en mesure de fournir le contingent demandé. Il est certain que si les produits n'eussent pas répondu à toutes les exigences au point de vue
de la qualité, la quantité n'eût pas fait défaut. Nous
avons été à même de juger par nos propres yeux des
difficultés apportées par les officiers de remonte dans
le choix des chevaux ; cependant on nous accordera
que les achats faits en France eussent rendu de meilleurs services que ceux qu'on aurait pu faire à l'é-
tranger. L'acclimatation est chose longue et difficile, et
la nature souvent lymphatique du cheval allemand la
rend encore plus périlleuse. De plus, les refus dont on
abreuvait le producteur national le dégoûtaient d'une
industrie déjà peu lucrative et toujours très-chanceuse.
Certes, nous sommes loin d'approuver la marche suivie
par les haras, et nous pensons ce que le Comité de
1848 avançait, à savoir que ces derniers suivaient une
marche essentiellement rétrograde. Toutefois l'antagonisme entre les remontes et les haras fut une chose
fâcheuse, quoiqu'il s'expliquât par cette raison que le

consommateur est toujours en droit de se plaindre du producteur, surtout lorsque celui-ci accapare par le monopole les éléments de la production. Si M. Gayot était dans son rôle en défendant les produits sortis de la fabrique qu'il dirigeait, il n'en a pas moins rendu service aux éleveurs, dont il maintenait le droit, et on doit lui en savoir gré; l'administration de la guerre, en revanche, ne comprit pas la situation. Au lieu de chercher à substituer son action à celle des haras, elle avait une bien autre mission à remplir, dont elle n'a pas senti la grandeur. Elle devait demander avec instance l'abolition du monopole, la suppression de l'intervention directe de l'État dans la production. Elle se fût acquis ainsi les sympathies de l'industrie chevaline, qui se détachait des haras, et elle eût par là inauguré une ère nouvelle de prospérité pour les classes agricoles qui eût rejailli sur notre armée. Non-seulement les remontes n'ont pas vu la place qu'elles avaient à prendre, mais elles ont tout à fait rebuté le paysan par des prétentions exagérées, vu l'état précoce de la production, et par des prix d'achat qui n'étaient pas suffisamment rémunérateurs.

Les choses marchèrent ainsi jusqu'en 1852, époque à laquelle, les plaintes contre les actes de l'administration des haras prenant un caractère général et persistant, l'empereur crut devoir s'instruire sur la question. Il nomma donc une commission, chargée de faire une enquête et de rédiger un rapport qui fut, peu de

temps après, signé et adressé au ministre par MM. Achille
Fould, baron de la Rochette, L. Couteulx, E. Fleury.

Ce document commence ainsi : « En matière d'industrie, l'État est puissant pour encourager, *mais il
doit le moins possible faire par lui-même*. Cela est
vrai de la production des chevaux comme de toute
autre, et, pour obtenir de grands résultats, il faut
compter, non pas sur les ressources nécessairement
bornées du budget, mais sur le développement de l'industrie nationale, qui est sans limite. » On le voit, les
principes de la commission étaient tout à fait conformes aux saines idées de l'économie politique moderne ; malheureusement on crut encore cette fois à la
possibilité de concilier deux principes opposés, conte-
nus dans cette double formule : intervention directe et
indirecte de l'État ; ce qui veut dire : concours de l'État
dans la production par la possession de reproducteurs,
et encouragements aux particuliers par le système des
primes. La commission posait en principe que l'admi-
nisiration des haras devait travailler à l'affranchisse-
ment complet de l'industrie privée, et que son premier
devoir était de cesser de lui faire concurrence. « Partout, dit le rapport, où l'administration aura réussi à
créer des étalons particuliers, elle doit se retirer pour
porter ses efforts sur d'autres points où le terrain sera
resté libre. Enfin il faut éviter, là où les étalonniers
peuvent retirer de la saillie de leurs chevaux un prix
rémunérateur, de *les en empêcher en offrant les siens*

à un prix plus bas. Sans doute, ce rôle demande une grande abnégation; mais l'administration ne saurait en prendre un autre sans compromettre les intérêts du pays.

Voilà donc nos griefs parfaitement établis à l'endroit de la concurrence faite aux éleveurs par les haras; mais on ne voyait pas que l'industrie privée ne pourrait se montrer, s'établir que là où l'administration était absente. Eh bien, c'était justement dans les contrées où l'étalonnier eût pu prospérer, que les étalons nationaux étaient installés. Il eût donc fallu aller jusqu'au bout, extraire le mal dans sa racine, et ne pas respecter davantage une institution regardée cependant comme nuisible, en se contentant de l'améliorer. Le rapport demandait la suppression, qui a été décidée depuis, des jumenteries du Pin et de Pompadour. Dans la première, l'administration élevait des chevaux de pur sang anglais ; dans la seconde, elle faisait naître des arabes ou des chevaux dits anglo-arabes. « Pour les uns comme pour les autres de ses produits, l'examen des faits, dit le rapport, prouve que l'administration n'avait pas pour eux les mêmes rigueurs que celles qu'elle montrait pour ceux de l'industrie privée. » C'est un penchant général de se montrer plus sévère pour les autres que pour soi-même, et c'est ce qui arrivait à l'administration. La tendance naturelle de cette dernière à glorifier ses actes et à se montrer satisfaite de ses résultats l'engageait à accroître sans cesse l'importance de son élevage. On saura combien cela était fâ-

cheux aussi au point de vue financier en apprenant
que chacun des reproducteurs de Pompadour revenait
à la somme énorme de 14,000 francs, tandis que les
orientaux achetés en Arabie par M. Pétiniau, l'habile
inspecteur général, ne revenaient qu'à 5,000 francs
l'un dans l'autre !

Le rapport établissait, en outre, que depuis 1850
l'administration disposait d'un crédit de 200,000 francs
qui devaient être distribués en primes à l'industrie
privée. « Le rapport que nous avons eu l'honneur de
vous remettre, disaient au ministre les rapporteurs,
montre l'usage qu'elle en a fait. Ainsi elle n'envoie,
en 1852, aux étalons particuliers approuvés, que
61,150 francs, *et emploie le reste, soit à augmenter in-
directement, soit à recruter ses propres établissements.*
Le résultat de cette manière d'agir est que le nombre
des étalons approuvés, qui était en 1850 de 447, *est
tombé en réalité, pour* 1852, *à* 275, *quoique le compte
rendu de l'administration en accuse* 491 ! »

Comme on le voit, la commission de 1852 eut pour
résultat la suppression de deux jumenteries onéreuses
au trésor et dont les produits faisaient une concurrence fâcheuse aux éleveurs. Elle rappelait à l'administration « que la plus belle partie de sa tâche est de
développer, au moyen des encouragements dont elle
dispose, l'industrie nationale, puisque de ce développement seul on peut attendre de grands et profonds
résultats. » Elle ne créait rien de nouveau ; mais elle

rappelait les haras à l'observation des règles de tout temps prescrites à l'administration, et dont l'opinion publique ne cessait de demander l'exécution.

VII

Lorsqu'en 1854 la guerre de Crimée éclata, et qu'il fallut mettre nos régiments de cavalerie sur le pied de guerre, on s'aperçut bientôt que nos ressources seraient vite épuisées. A cette occasion aussi se manifesta l'insuffisance du système des remontes, qui se déclarèrent dans l'impossibilité de fournir le contingent demandé. On s'adressa alors au commerce, qui eut promptement rassemblé le nombre de chevaux nécessaire. C'est qu'en effet, là ou l'État est impuissant, l'activité des intérêts individuels fait des prodiges. Que de chevaux périrent en cette campagne ! Ces admirables régiments anglais qui chargèrent à Balaklava revinrent démontés dans leur patrie ; tous les chevaux que le feu ennemi avait épargnés périrent décimés par le froid ; nos algériens seuls resistèrent à toutes les intempéries et à toutes les privations. Ils firent l'admiration de nos alliés comme celle de nos adversaires d'alors.

Quatre ans plus tard, nos escadrons s'élançaient dans les champs d'Italie, et y moissonnaient de nouveaux lauriers. Pendant ce temps, l'Allemagne fermait ses portes à notre commerce, en interdisant la sortie des chevaux du territoire germanique. Cette manifestation des gouvernements de la Confédération fut pour nous un enseignement utile ; on reconnut que le moment était venu d'étudier à nouveau une question dont dépendait l'honneur de la France. L'empereur nomma donc une commission, présidée par le prince Napoléon, et chargée, comme tant d'autres déjà, de rechercher le meilleur moyen de nous affranchir du tribut que nous payons à l'étanger. On peut rendre à la commission cette justice, qu'elle ne négligea rien pour étudier le terrain, et qu'elle donna à chacun le temps d'éclairer l'opinion. Les publications agricoles et les feuilles politiques engagèrent alors une discussion qui jeta une vive lumière sur la question. Les hommes auxquels leur position officielle interdisait de prendre la parole dans les journaux manifestèrent leurs opinions dans des brochures et apportèrent des documents précieux sur les moyens à employer. Nous résumerons le débat très-vif qui s'engagea alors, en commençant par le travail qui captiva le plus l'attention publique, parce qu'il émanait d'un membre de la commission qu'une longue et brillante pratique dans l'élevage désignait comme le plus autorisé.

M. le baron de Pierres prenait pour texte cette phrase tirée d'un ouvrage de l'empereur Napoléon III : « Il faut éviter cette tendance funeste, qui entraîne l'État à exécuter lui-même ce que les particuliers peuvent faire aussi bien et mieux que lui. »

A l'abri derrière cette citation, l'auteur de la brochure commençait ainsi : « L'industrie chevaline a toujours été en France l'objet d'une vive sollicitude de la part des gouvernements qui se sont succédé, car c'est elle qui doit fournir les chevaux nécessaires à la défense et au commerce du pays.

» En vue d'atteindre ce résultat, deux systèmes sont en présence : ils ont le même but, et cependant ils n'ont cessé de se nuire en se combattant. Ces deux systèmes consistent, l'un à laisser à l'État, représenté par l'administration des haras, la possession et l'entretien des étalons nécessaires à la reproduction, l'autre à réclamer seulement pour l'industrie la protection et les encouragements de l'État.

» Dans le premier système, qui implique l'idée d'un monopole, l'action directe se limite selon les variations du budget ; le second système, celui de l'industrie privée, qui implique l'idée de liberté, est celui que nous croyons le meilleur et dont l'application sincère nous paraîtrait aussi urgente que féconde en bons résultats. »

On le voit, dès le début c'est le procès de l'industrie privée contre l'administration des haras que l'auteur vient plaider; ce sont les intérêts du producteur, de l'éleveur, ceux de l'agriculture française, en un mot, ceux de la France, qui sont défendus avec une grande logique et une connaissance approfondie de la matière.

L'auteur faisait en peu de mots l'historique de l'administration des haras, en rendant justice aux services qu'elle pouvait avoir rendus, puis il nous faisait assister au développement de l'industrie privée, dont l'administration a eu le tort de prendre ombrage. « C'est alors, dit-il, qu'on vit le spectacle regrettable d'une concurrence faite aux possesseurs d'étalons par l'administration des haras, concurrence en dehors même de ses attributions et déviant du but auquel aspire le gouvernement, c'est-à-dire l'accroissement et surtout l'amélioration de la race chevaline en France.

» Cet antagonisme cesserait du moment où l'on consentirait à déplacer le centre de certaines oppositions et à faire capituler quelques opinions préconçues, qui s'obstinent dans les habitudes du passé.

» Pour cela, il faudrait, d'un œil impartial, regarder autour de soi, reconnaître et proclamer les résultats obtenus par les éleveurs chaque fois que des encouragements suffisants sont venus éveiller leur activité et stimuler des efforts intelligents. »

L'auteur demandait donc que l'État renonçât à la concurrence faite par l'administration à l'industrie privée et abandonnât un monopole qui est en contradiction avec les aspirations de notre époque.

L'opinion de l'auteur, son désir même, serait la suppression pure et simple de l'administration des haras, et la remise de ses étalons aux particuliers. Il prouvait par des chiffres les avantages que l'État et les producteurs intéressés retireraient de cette mesure.

Il faisait voir les inconvénients de toutes sortes du système suivi fatalement par l'administration des haras, ses tendances absorbantes, et les dépenses toujours croissantes qu'elle entraînerait si on ne se hâtait de mettre un frein à ses velléités d'extension.

Il citait, entre autres, cet exemple récent, qu'en 1850 les haras demandaient au budget 400,000 francs, destinés à construire un établissement nouveau pour le dépôt d'étalons de Paris, qui n'en emploie que cinq ou six, et en concluait qu'avec la somme de 3 à 4,000 francs, affectée dans cette combinaison au loyer de chacun de ces cinq ou six étalons, on pouvait créer des primes de cette valeur à l'industrie privée, qui n'aurait certes pas manqué de fournir tous les étalons dont on a besoin dans le ressort de Paris.

M. de Pierres prouvait par des faits et des chiffres indiscutables que chaque fois que l'industrie privée a pu se faire jour, il en est résulté un bien, et que les courses et les primes sont les meilleurs, les seuls stimulants qu'on doive employer pour favoriser chez nous la production chevaline. « Il est reconnu que la race des chevaux de pur sang s'est développée sous l'influence de l'industrie privée. En 1853, époque où se fonda la

4

Société d'encouragement, en ne comptait en France que 665 chevaux de pur sang. De 1833 à 1852, les haras interviennent dans cette production; ils élèvent et font même courir leurs produits avec succès; eux seuls réglementent les courses. Pendant cette période de dix-neuf années, le nombre des chevaux pur sang n'augmenta que de 59 par an. A partir de 1852, les haras renoncent à l'élevage; la Société d'encouragement, qui n'est autre chose qu'une association privée, entre d'une manière plus directe dans l'organisation des courses, et nous voyons le nombre des chevaux de pur sang s'augmenter de 244 par an. En 1858, c'est-à-dire en six ans, ils atteignent le chiffre de 3,259.

» Le nombre des poulinières suit la même progression, et du chiffre de 559, que l'industrie privée possédait en 1852, il monte à 1,006 en 1858. »

L'auteur passait ensuite en revue les trois espèces de chevaux dont nous avons besoin :

1° Les chevaux pur sang, qui sont les plus essentiels comme principe d'amélioration et qui se sont multipliés et améliorés, grâce surtout à l'influence et aux efforts de l'industrie privée;

2° Les chevaux de trait, dont la production jusqu'ici a été laissée à l'industrie privée, qui n'a pour ainsi dire pas obtenu de secours pour cette branche de notre industrie chevaline, qui est certes de toutes la plus prospère, puisque nos chevaux percherons font l'envie et l'admiration de toute l'Europe;

3° Enfin, les chevaux de demi-sang, qui suivraient certainement la même marche d'accroissement et d'amélioration le jour où l'État accorderait aux éleveurs les primes réclamées pour eux par l'auteur de la brochure. Toutefois, par esprit de conciliation et pour ne pas arriver trop brusquement à l'émancipation de l'industrie privée, M. de Pierres admettait le maintien d'un certain nombre d'étalons entre les mains de l'État. « En revanche, dit-il, au nom de l'industrie privée, qui gravite dans la voie du progrès, nous réclamons des primes sérieuses, capables de l'aider à réaliser au plus tôt ses justes espérances.

» Pourquoi n'y parviendrait-elle pas ? Pourquoi la France, qui se trouve d'ailleurs dans d'excellentes conditions de sol et de climat, ne réaliserait-elle pas avec les encouragements de son gouvernement les magnifiques résultats que nous envions à l'Angleterre et aux États-Unis, où cependant l'éleveur se passe de cette protection?

» Ce que ces deux pays ont fini par produire est l'œuvre de longs tâtonnements, d'essais individuels et coûteux ; mais nous qui venons après eux, qui héritons de leur expérience, de leurs méthodes, ne devons-nous pas produire aussi bien et plus vite ? »

Voici maintenant les propositions qui résultaient de la brochure et que la commission était appelée à discuter :

1° Déterminer le nombre maximum des étalons de l'État avec interdiction de le dépasser.

Cette mesure aurait eu plusieurs avantages, celui de

rassurer l'industrie privée, qui marcherait avec confiance dans la voie du progrès, n'ayant plus à redouter la concurrence de l'État, et aussi celui de permettre
de diminuer le nombre des inutilités ou de supprimer
des étalons dont l'âge et la mauvaise construction nui-
saient à l'amélioration de la race.

2° Élever la quotité et la quantité des primes accordées aux étalons et aux poulinières de l'industrie privée.

L'auteur se bornait à demander une somme de
500,000 fr., à ajouter au chiffre actuel des primes,
tandis que les haras demandaient une nouvelle allocation
de deux millions.

3° Ne laisser circuler publiquement pour faire la monte
aucun étalon non primé s'il n'est muni d'une autorisation.

Cette mesure était bonne, mais à la condition que
l'autorisation fût laissée à l'appréciation d'une commission composée des éleveurs du pays, ce qui eût été très-
facile à établir, presque chaque canton possédant un
comice agricole auquel incombait cette mission.

4° Interdire aux administrations publiques et aux
compagnies concessionnaires de l'État l'usage des chevaux entiers, à partir d'une époque déterminée.

Tout en reconnaissant que la castration opérée de
bonne heure est une excellente chose à conseiller aux
éleveurs, on ne peut cependant s'empêcher d'admettre
que la mesure alors proposée ne fût une atteinte à la
liberté individuelle, et que, par conséquent, elle ne dût
être repoussée.

5° Elever le prix des chevaux de remonte, sans pour cela grever davantage le budget de la guerre.

Il est certain que le prix moyen de 700 francs accordé par le ministère de la guerre aux chevaux de remonte n'est pas suffisamment rémunérateur, et que l'élevage du cheval de troupe ne donne aucun bénéfice à l'éleveur; aussi est-il l'animal le plus négligé de la ferme. On le laisse errer par tous les temps dans les plus mauvais pâturages, et en rentrant à l'écurie il ne reçoit presque jamais d'avoine. Malgré cette absence complète de soins, on attelle le poulain quelquefois à un an. Avant l'usage des machines à battre, nous avons vu souvent de jeunes chevaux de deux ans traîner tout le jour le rouleau, et cela par la plus grande chaleur. Comment espérer, avec de semblables habitudes, remonter convenablement notre cavalerie? Mais du jour où on élèvera le prix d'achat, l'éleveur, certain d'un bénéfice, apportera à cette branche de son industrie les soins qu'il accorde à ses autres produits. .

M. de Pierres proposait une excellente mesure qui, nous l'espérons, sera adoptée un jour, car elle serait féconde en bons résultats. « L'État, dit-il, achète la plupart de ses chevaux de remonte à quatre ans, et il les conserve dans ses dépôts jusqu'à cinq, époque à laquelle seulement ils sont susceptibles d'entrer dans le rang et de faire un bon service. Mais pendant cette année-là ils coûtent à l'État plus de 600 fr. chacun,

4

si l'on ajoute au prix de leur nourriture les pertes
inévitables causées par les tares et la mortalité, propor-
tionnellement plus considérable de quatre à cinq ans
qu'après cet âge. Si les chevaux de remonte étaient
achetés à cinq ans seulement, l'État pourrait donc les
payer 600 francs de plus qu'il ne les paye aujourd'hui,
sans dépenser davantage. Mais comme il faut toujours
au cheval nouvellement acheté un temps plus ou moins
long pour son dressage et sa mise en condition, cette
préparation, qui à quatre ans exige une année, ne
demanderait plus à cinq ans que deux mois, le développement du cheval étant à peu près complet à cet
âge. Il s'ensuit que si la remonte payait ses chevaux
500 fr. de plus à cinq ans qu'elle ne les paye à quatre,
il n'y aurait pas pour l'administration de la guerre un
surcroît de dépense. L'effectif de la cavalerie serait
plus complet et compterait moins de non-valeurs. »

7° Enfin donner à l'administration des haras une
direction telle qu'il n'y ait plus dans sa marche hésitation constante ni résistance à l'endroit de l'industrie
privée, ni tendance à augmenter sans cesse l'importance de son action directe, et, par conséquent, des
allocations de plus en plus onéreuses pour le trésor.

M. de Pierres concluait en disant que les mesures
qu'il proposait n'étaient que transitoires et « qu'un
acheminement vers l'émancipation complète et défini-
tive de notre industrie chevaline. » Nous pensons
aujourd'hui comme alors que l'auteur de la brochure

avait tort de vouloir retarder encore la chute de l'administration des haras. Nous l'avons dit dans le temps, et l'importance donnée à la nouvelle direction doit encore nous confirmer dans nos idées : les haras à cette époque étaient minés de toutes parts, leurs établissements tombaient en ruine, et leurs pratiques avaient créé autour d'eux une opposition constante qui eût dû les faire condamner par le pouvoir. Aujourd'hui on les a relevés plus fort que jamais, et le terrain qu'ils occupent, ils ne l'abandonneront pas facilement.

A l'appui des opinions émises par M. de Pierres, vinrent se grouper *la Presse*, où nous publiâmes plusieurs articles dans lesquels nous prenions en main les intérêts de l'industrie privée contre les prétentions exorbitantes de l'administration des haras ; *l'Union*, où M. Théodore Anne, ancien officier des gardes du corps, a publié deux articles d'une grande portée au point de vue militaire ; *l'Opinion nationale*, qui citait plusieurs journaux anglais, tels que le *Times*, le *Morning-Chronicle*, où nos théories étaient pleinement acceptées ; *le Pays*, *le Constitutionnel*, *l'Indépendant de l'Ouest*, le *Journal de Bayeux*, celui d'*Indre-et-Loire*, le *Moniteur de l'Agriculture*, *l'Echo Agricole*, le *Journal des Cultivateurs*, *l'Argus des Haras et des Remontes*, la *Revue contemporaine*, dans un travail remarquable dans lequel M. le vicomte Redon de Beaupréau, maître des requêtes au Conseil d'État, se ralliait, cependant avec quelques réserves, aux idées émises par M. de

Pierres. A cette presque unanimité de la presse où
les arguments les plus concluants furent exposées
avec une clarté et une force que nous croyions alors
irrésistibles, les partisans des haras n'opposèrent
qu'un seul journal, *la Patrie*, dans lequel M. Delamarre
se gardait bien d'entrer dans une polémique avec ses
confrères. Ce terrain ne lui paraissait pas assez solide
pour s'y engager seul; il se contenta de chanter les
louanges de l'administration, d'accord avec la *France
hippique*, organe officiel des haras. Deux hommes
entrèrent cependant en lutte avec M. de Pierres, et
publièrent deux brochures où tout faisait présager la
chute prochaine d'une administration que ses agents
eux-mêmes croyaient à l'agonie.

M. Houël, inspecteur général des haras, tout en
répondant à des attaques très-sérieuses, commençait
par établir qu'il y avait « unanimité sur la question des
haras. » Certes, cette assertion eût eu de la valeur si
elle n'eût été détruite d'avance par les faits mêmes
auxquels l'auteur répondait; dans la situation d'alors,
ce n'était que de la mauvaise foi. Entré dans cette voie,
il ne restait plus à M. Houël qu'à affirmer que les étalonniers demandaient la conservation et l'accroissement d'une administration qui les ruinait. Il n'y manqua pas, sans alléguer autre chose que de prétendues
pétitions que le zèle de certains agents avaient obtenues
de quelques éleveurs dont la fortune était à la merci des
haras. L'auteur prétendait que l'industrie privée ne

pourrait acquérir des étalons « comparables à *Fling-Dutchman*, » au moment même où le plus célèbre étalon d'Angleterre, *West-Australian*, venait d'être acheté par un particulier. Puis, en parlant d'importations de reproducteurs faites par les haras : « Quels sont les particuliers, à notre époque, ajouta-il, qui consentiraient jamais à s'y livrer pour le seul amour du bien public ? » Il ne s'apercevait pas que c'était faire son propre procès, que c'était reconnaître que toute industrie était impossible dans les conditions faites à l'éleveur, et qu'un semblable aveu était tout simplement la condamnation du système qu'il représentait. M. Houël essayait ensuite d'inquiéter l'élevage en disant que, les haras détruits, les étalons de pur sang deviendaient « inaccessibles aux petites bourses ; » comme si tout vendeur n'était pas tenu, pour conserver sa clientèle, de se soumettre à un certain cours ; que « les étalons de demi-sang seraient nécessairement tarés, vicieux ou improductifs. » De semblables pronostics étaient enfantins, et chacun sait au contraire que, faute de voir sa maison abandonnée par les clients, tout industriel doit maintenir sa marchandise à la hauteur de la demande ; et que, du jour où l'industrie étalonnière eût été libre, la concurrence en eût assuré la prospérité. Dans sa réplique à M. de Pierres, l'inspecteur général manqua d'adresse en se montrant peu confiant dans l'intelligence des éleveurs, en leur disant qu'ils placeraient « des étalons de gros trait sur les montagnes, et des carrossiers dans le Midi ! » Pour achever de s'aliéner l'élevage, ce qui n'était pas difficile, M. Houël proposait « l'établissement d'un impôt sur les étalons particuliers. » Ainsi, non-seulement il ne voulait pas encourager l'industrie privée, mais encore il voulait la tuer, la forcer de se retirer, comme s'il était possible à l'État d'entretenir les douze mille étalons nécessaires au renouvellement de la population chevaline de la France. Notre auteur laissait croire que M. de Pierres « sacrifiait la masse des éleveurs à la spéculation de l'étalonnage, » et qu'il ne prenait « nul souci des possesseurs des soixante mille poulinières. » Cet argument tombait à la seule lecture de la brochure à laquelle on répondait, et dans laquelle on proposait un vaste système reposant tout entier sur des primes. Non, jamais essai de panégyrique d'une part et de réfutation d'une autre ne fut plus malheureux.

M. le comte d'Aure ne fut pas mieux inspiré, et appuya dans sa brochure l'idée malheureuse d'un impôt sur les étalons particuliers. Son principal argument était celui-ci, « que les haras seuls pouvaient établir à perte les services de leurs chevaux. » Admettre comme un principe de progrès une semblable théorie, c'était donner la nature des idées qui prévaudraient si l'ancien écuyer commandant l'école de Saumur était, dans l'avenir, appelé à faire partie de l'administration des haras. En effet, la brochure que M. d'Aure publia à cette époque ressemblait fort aux professions de foi d'un candidat. Ses espérances ne furent point déçues, et nous avons vu depuis à l'œuvre le nouveau champion des haras, qui n'avait pas toujours professé pour ces derniers des sentiments aussi tendres.

Pendant cette discussion survint l'exposition générale de l'industrie ; c'est là qu'éclata dans toute sa force la vérité, l'excellence des principes pour lesquels nous combattions et combattrons jusqu'au jour où le gouvernement consentira à les appliquer. On pouvait, en effet, diviser en deux grandes catégories les produits de l'espèce chevaline : celle des chevaux créés avec le secours de l'État, et celle des races que l'industrie privée avait formées et améliorées sans cesse au moyen de ses seules ressources. A part cinq ou six poulinières, dont deux étaient remarquables, les chevaux de commerce envoyés là étaient ce qu'on appelle *manqués*. Pas un seul n'offrait le type soit d'un carrossier, soit d'un cheval de chasse, soit d'un *hack ;* on eût pu monter là des troupiers, mais le luxe y eût à peine trouvé un ou deux chevaux valant 1,500 fr. Si les travées contenant ces tristes résultats de la pratique des haras étaient désertes, celles qui renfermaient les échantillons de nos races de trait étaient encombrées. La foule des curieux obstruait le passage, et chacun voulait admirer nos bretons, nos percherons et nos boulonnais. Ces deux dernières races surtout faisaient l'admiration des étrangers. Un étalon percheron appartenant à un fermier des environs de Nogent-le-Rotrou avait le privilége de réunir tous les jours,

près de sa stalle, une foule d'amateurs qui ne croyaient
pas que tant de perfections pussent se trouver réunies
chez un cheval de trait. Cet animal, qui cependant
n'était plus jeune, est devenu depuis la propriété d'un
éleveur de la Grande-Bretagne, qui l'enleva au prix
de 10,000 fr. Comment s'étonner d'un tel succès lorsqu'on sait que ces races sont d'une utilité et d'une
beauté si complète qu'elles n'ont pas d'égales dans le
monde. La race boulonnaise, dont l'élevage est cir-
conscrit dans les trois départements de notre littoral
nord, ne produit uniquement que des chevaux de roulage ou de camion ; la race percheronne, bien plus
répandue, occupe huit départements et fournit un type
hors ligne, un cheval également propre au labour, à la
diligence et à l'artillerie. Quoi de plus beau, de plus
robuste, de plus fort que ce cheval à l'œil vif et intelligent, à la tête carrée et bien attachée, aux épaules
sèches, aux reins courts et droits, à la croupe inclinée,
mais puissamment musculée, aux jarrets d'autant plus
résistants qu'ils sont coudés, aux membres larges et
de belle qualité, aux pieds solides et bien faits ? Comme
cheval de labour il est d'un entretien facile et peu dispendieux, d'une docilité extrême ; il supporte patiem-
ment la brutalité d'un charretier inepte et montre autant
de vigueur pour traîner au pas la lourde voiture de gerbes
que pour enlever au trot l'omnibus et la diligence.

Mais c'est au service de l'artillerie que l'utilité du
cheval percheron est plus éclatante ; patient, sobre,

d'une santé de fer, il traîne avec courage nos canons les plus lourds sur des coteaux escarpés, et au moment périlleux de la bataille il peut, à une allure rapide, opérer vivement un changement de front, tant sa vaillante nature se prête avec complaisance à tous les besoins du service. Son œil étincelant, son grand cœur, ses cris bruyants, sa belle humeur font du percheron le cheval le plus franc et le plus gai de la cavalerie française ; et si l'on pouvait comparer ce compagnon de nos artilleurs au troupier lui-même, nous dirions que le cheval percheron est le zouave de nos races chevalines.

L'année 1860 devait être fertile en enseignements et fournir grand nombre de documents propres à faciliter la tâche de l'historien. Avant même cette exposition, la commission avait fini ses travaux d'enquête et *le Moniteur* publiait les deux rapports qui en étaient le fruit ; ils étaient précédés de la lettre suivante :

« Sire,

» J'ai l'honneur de mettre sous les yeux de Votre Majesté les rapports de la commission réunie sous ma présidence pour l'étude de la question chevaline.

» Je me bornerai à un résumé très-succinct de nos travaux, laissant aux rapporteurs la discussion approfondie des solutions proposées.

» La Commission a tout d'abord reconnu à l'una-

5

nimité la nécessité de faire cesser les incertitudes
actuelles pour marcher résolûment dans la voie soit
de la restriction, soit de l'extension de la liberté de
cette industrie.

» Ceci admis, deux partis très-tranchés se sont trou-
vés en présence, et nous ont divisés presque par
moitié; les uns voulant limiter l'action de l'État à des
encouragements indirects et transitoires, pour arriver
à mettre la production chevaline dans la même condition que toutes nos autres industries, c'est-à-dire libre
et laissée à l'initiative individuelle; les autres voulant
joindre à ces encouragements indirects une *intervention directe*, c'est-à-dire l'État possesseur d'étalons, de
juments, et même producteur d'étalons, distribuant et
réglant la saillie, soumettant les chevaux étrangers à
à une patente, choisissant non-seulement les produits,
mais les individus auxquels il les achète par l'administration des remontes de la guerre; cherchant à exclure
tout intermédiaire et aboutissant ainsi, par une réglementation complète, à mettre l'industrie chevaline sous
la direction du gouvernement.

» Un vote de la commission sur ces deux systèmes
a donné les résultats suivants :

Membres de la commission	26
Absent	1
Abstention	1
Votants	24

Pour l'intervention directe....... 13
Pour l'intervention indirecte..... 11

» Divisés ainsi sur cette question fondamentale, et ayant cherché en vain une transaction qui, du reste, n'eût amené que des résultats négatifs, nous avons pensé qu'il valait mieux présenter à Votre Majesté des solutions complètes, en faisant deux rapports.

» La majorité s'est réunie sous la présidence de M. le maréchal Randon, et m'a remis le rapport ci-joint, signé par MM. Geoffroy de Villeneuve, H. de Saint-Germain, Werlé, le comte de Kergorlay, le marquis de Croix, Roques, le général de Brancion, de Goulhot de Saint-Germin, Caulincourt, le comte de Tromelin, Vuillefroy, de Baylen, et le maréchal Randon.

» La minorité, portée à douze membres par l'adjonction de M. Ferdinand Barrot, qui s'était abstenu dans le premier vote, a été présidée par moi et a fait le rapport ci-joint, signé par MM. le baron de la Rochette, le baron de Pierres, Daru, le comte de Morny, le duc d'Albuféra, le Coulteux, Ferdinand Barrot, de Bourreuille, Monny de Mornay, Rouher, Achille Fould et le prince Napoléon.

» Votre Majesté y verra l'opinion émise par la division des haras, en 1855, demandant des réformes analogues à celles que nous proposons. L'opinion de ce service témoigne de la facilité d'appliquer nos conclu-

sions et nous fait regretter que son chef ait depuis
modifié ses convictions.

» Je dois être auprès de Votre Majesté l'organe
de toute la commission et, j'ose le dire, de la grande
majorité du pays, que cette question intéresse vivement, en suppliant l'Empereur de faire cesser les in-
décisions.

» Un grand nombre de commissions se sont déjà
réunies, l'opinion publique a été éclairée; bien des
volumes ont été écrits pour ou contre ces différents
systèmes. Il est indispensable que le gouvernement
s'arrête à un parti nettement défini et qu'il y persévère.
Le temps de l'étude et de la discussion est passé, celui
de l'action est venu.

» Veuillez agréer, etc.

» NAPOLÉON (JÉRÔME).

» Président de la commission des haras. »

Comme on le voit, les partisans de la conservation
de l'intervention directe n'avaient obtenu qu'une voix
de majorité, due seulement au vote du chef de la division des haras. On peut donc dire que, sans cette
irrégularité, la commission se serait partagée en deux
fractions égales.

La majorité était d'accord avec nous sur ce point,
que l'état de la production chevaline ne nous permettait

pas de nous remonter en temps de guerre, et que la
qualité même des chevaux laissait beaucoup à désirer;
que le commerce ne trouvait pas à satisfaire les exigences du luxe, et « qu'il faudrait faire pénétrer les
qualités, la taille et les formes dans les rangs de l'armée, jusqu'à certaines couches de la production chevaline qui en manquent aujourd'hui. » On ajoutait que
les bâtiments de l'administration étaient insuffisants ou
en mauvais état, et « que les départements devaient y
pourvoir sur leurs ressources. » Ainsi donc, il ne s'a-
gissait pas de maintenir une instittuion florissante; tout
le monde, au contraire, reconnaissait que le système
suivi jusque-là était impuissant. Les uns seulement
voulaient l'améliorer en l'entourant d'un certain prestige et en lui allouant une dotation considérable ; les
autres, au contraire, abandonnant le terrain de la
fantaisie pour juger les choses au point de vue économique, demandaient qu'on laissât crouler l'édifice ver-
moulu, et qu'on permît à une industrie jeune, active,
qu'une chaîne seule empêche de prendre son essor, de
s'élever sur ses ruines.

Mais suivons un instant le rapporteur de la majorité,
qui disait : « L'industrie spéciale dont on demande
l'émancipation est celle d'un petit nombre de spécu-
lateurs sur cette matière première, qui, délivrés de la
seule concurrence organisée, tendraient nécessairement
ou à rendre la monte le plus cher possible, ou plutôt à
réduire leurs avances en réduisant les qualités et la

valeur de l'étalon. » Cette phrase seule suffit pour condamner les prétentions qui reposent sur des données
aussi fausses. Les principes les plus élémentaires de
l'économie politique y sont méconnus à ce point qu'on
croirait lire un manuscrit couvert par la poussière de
deux siècles. Comment, en 1862, voici des hommes qui
voudraient nous convaincre que les particuliers n'ont
pas un intérêt au moins égal à celui de l'État à produire le mieux possible, comme si la première des né-
cessités, pour un producteur, n'était pas d'élever sans
cesse la qualité de la fabrication ! Qu'est-ce donc qu'une
concurrence *organisée*, si ce n'est un monopole dé-
guisé ? Est-ce que l'État doit entrer en concurrence
avec l'industrie privée ? Puis, s'avançant dans cette
voie, le rapporteur ajoutait : « L'industrie étalonnière
n'a-t-elle donc pas, lorsqu'elle n'a que des prétentions
légitimes, la place où se développer et s'étendre ? »
Comment, *des prétentions légitimes ?* Le droit légitime
d'une industrie ne serait-il donc plus de s'établir là où
l'appellent son intérêt et les vœux de sa clientèle ? Est-ce
que partout où le capital s'établit sans léser les lois, sa
légitimité ne doit pas être reconnue ? Ce qui, au contraire, blesse toute justice, n'est-ce pas de voir une administration publique faire concurrence à une industrie
particulière avec les deniers de l'État, c'est-à-dire la
ruiner là où, libre, elle eût prospéré ?

« L'État, disait le rapport, approuve et prime tous
les étalons particuliers qui le méritent. » On a vu, dans

le rapport que M. Fould adressait à l'empereur en 1852, que sur les 200,000 fr. dont l'administration disposait pour être distribués en primes, 61,150 fr. seulement avaient été affectés, en 1850, à cet usage, et qu'elle avait employé le reste de la somme *soit à augmenter, soit à recruter ses propres établissements.* Il en était résulté que le nombre des étalons approuvés avait diminué de moitié. D'ailleurs, si le nombre de leurs reproducteurs est si restreint, à qui doit-on s'en prendre, si ce n'est à ceux qui représentent la production?

Mais une assertion qui eût étonné les fermiers du Perche est celle-ci : « Les étalonniers des races de trait eux-mêmes ne suffisent pas à soutenir la race percheronne... Les races de trait sont incapables de se soutenir par leur propres forces. » Comment! ce sont les quelques étalons épars dans les dépôts nationaux qui auraient créé une des branches les plus prospères de notre industrie agricole, celle qui fait l'objet, chaque année, de notre seule exportation chevaline? Les faits et les chiffres sont là pour prouver que ces magnifiques races, qui font l'envie et l'admiration du monde entier, se sont conservées et améliorées entre les mains de l'industrie privée. Il eût été plus habile au rapporteur de ne pas attirer l'attention sur un point qui est la condamnation du système qu'il avait l'impossible tâche de défendre. Il eût pu se borner à manier l'arme de la flatterie, comme dans le passage suivant : « Nos éleveurs béniront à jamais l'empire de Napoléon Ier, qui leur rendit les haras. »

Le rapport invoquait encore le témoignage de quarante-huit conseils généraux qui désiraient l'augmentation de l'effectif des haras; seulement il omettait d'ajouter que vingt-deux autres ne demandaient rien à ce sujet, et que seize demandaient purement et simplement des secours pour *les courses et les primes.* Ce document, dont nous avons pu relever toutes les erreurs, décernait aux éleveurs un brevet d'incapacité que nous nous sommes empressés, dans le temps, de faire parvenir à son adresse, dans un de nos articles de *la Presse.* Après avoir rappelé l'encens que le rapporteur prodiguait tout à l'heure au pouvoir, nous ne pouvons mieux faire que de citer le passage auquel nous faisions allusion :

« Si les haras disparaissaient, les éleveurs seraient *incapables d'occuper dignement* la place restée vacante. »

Le rapport finissait par émettre plusieurs vœux qui tous avaient pour but d'étendre l'action de l'administration. Il proposait le rétablissement des jumenteries, qui, comme nous l'avons vu, avaient été condamnées en 1852. Cette pensée malencontreuse laissait voir que désormais on ne voulait plus s'en remettre aux éleveurs du soin de fournir les reproducteurs de mérite. « Nous en conviendrons, disait le rapport, l'entretien des jumenteries serait chose dispendieuse, mais les avantages qu'elles offriraient seraient une large compensation. En effet, créer des étalons de pur sang qui réunissent toutes les qualités désirables, la force jointe à l'élégance, et, par-dessus tout, la fixité de ces qualités si fugaces, ne serait-ce point avoir résolu le problème? » En lisant de semblables billevesées, on s'étonne que le programme qui les contient ait pu être pris au sérieux. Comment, voilà des hommes qui prétendent avoir le secret de faire des chevaux possédant *toutes les qualités désirables*, et qui n'en feraient pas part aux pauvres diables qu'ils ont mission d'éclairer! Il faut avouer que cette conduite est peu généreuse et qu'elle serait indigne de fonctionnaires payés par la nation. Mais laissons de côté ces prétentions ridicules et ces raisonnements puérils.

Le rapport demandait aussi le rétablissement de l'école des haras et la création de nouvelles écoles de dressage, en un mot, « l'agrandissement de l'administration, qui devra recouvrer son ancien prestige! » On le voit, non-seulement l'État devrait faire naître les chevaux propres à la reproduction de l'espèce, il devrait aussi instruire et solder les palefreniers. De semblables théories ne se discutent pas plus que « la réglementation de l'industrie, » chose que nous ne comprenons absolument pas. Toute mesure qui gêne la liberté du commerce, qui crée des entraves aux échanges, nous la considérons comme déplorable et incompatible avec les lois actuelles.

5.

Maintenir un droit d'entrée et en établir un à la sortie du territoire nous paraissent chose aussi fâcheuse, aussi bien que la création d'impôts sur les étalons particuliers qui parcourent la campagne, au grand avantage des petits fermiers qui souvent n'ont pas le temps de se déplacer. La liberté complète, voilà la source la plus sûre de la prospérité commerciale, celle à laquelle on aura recours tôt ou tard, lorsqu'on voudra jeter enfin au vent les langes dans lesquels on prétend encore retenir les Français du XIXᵉ siècle.

Le rapport de la minorité se distinguait au contraire par une connaissance approfondie du sujet, une clarté et une logique qui frappent les esprits les moins initiés. D'ailleurs les idées qui y sont développées et les principes qu'il contient ne diffèrent en rien des nôtres. Ces principes nous les avons mis suffisamment en lumière en combattant ceux de nos adversaires, pour qu'il soit utile d'y revenir. M. de la Rochette, l'habile rapporteur, disait en finissant : « L'industrie chevaline n'échappe pas aux lois qui régissent les autres ; pour être assurés et permanents, ses succès et sa prospérité doivent reposer sur les bases d'une liberté et d'une indépendance complètes. »

Nous pensions que de semblables conclusions devaient s'imposer au législateur, mais il n'en fut point ainsi, et le 20 décembre 1860 paraissait au *Moniteur* le décret qui réorganisait l'administration des haras, et qui la plaçait dans les attributions du ministère d'État. Il était accompagné de deux arrêtés instituant, l'un une commission des haras, et l'autre une commission des courses et du stud-book. La première n'a pas d'attributions bien définies et ne se rassemblera qu'à la volonté du ministre; la seconde est sans importance, n'ayant pour mission que de veiller à la rédaction du stud-book et de résoudre les difficultés qui pourraient s'élever sur les hippodromes.

Nous allons maintenant examiner le rapport de M. le ministre d'État. Les premières phrases de ce document expliquaient tout d'abord et clairement que les conclusions de la minorité de la commission dont nous venons de parler avaient été rejetées. M. Walewski insistait sur « les éminents services rendus par l'administration des haras, et sur ceux, plus importants encore, qu'elle est appelée à rendre dans l'avenir. »

Du jour où nous avions vu que le service des haras était retiré des mains de l'homme d'État qui personnifie le progrès et les idées libérales en matières commerciales, nous nous étions préparés à cette solution, mais ce n'était pas sans regret que nous avions renoncé à l'espoir de voir l'industrie chevaline, qui porte en elle des germes féconds de prospérité, profiter des nouvelles institutions fondées par l'empereur avec le concours intelligent de M. Rouher.

La minorité de la commission avait aussi en vue la réalisation d'économies notables, qui ne devaient pas porter sur les encouragements à l'industrie parti-

culière, mais bien sur le sérvice même des haras nationaux. Eh bien, ces mesures ont été repoussées par
M. Walewski, qui déclara la tutelle à perpétuité de
l'industrie chevaline, qui proposa et fit accepter un
état-major et un personnel nombreux, ce qui faisait
présager le développement d'une institution qui ne
nous semble plus en rapport avec les principes de
liberté commerciale. Nous ignorons quels motifs ont pu
décider l'empereur à laisser l'industrie chevaline sous
le régime exceptionnel qu'on vient de confirmer et
d'étendre ; mais nous sommes certain, et sa sollicitude
pour les classes agricoles en est le plus sûr garant,
que , dans la pensée de Sa Majesté, l'état de choses
nouveau n'est considéré que comme transitoire, et
qu'un jour toutes les industries de l'empire, sans
exception, seront appelées à jouir des bienfaits de la
liberté.

Si quelques détails dans les conclusions peuvent
faire croire, au premier abord, à quelques concessions
accordées à la minorité de la commission des haras,
l'esprit dans lequel était rédigé l'ensemble du rapport
montrait suffisamment que les principes émis par elle
ne sont pas ceux de M. le ministre d'État. Si M. Walewski désire concilier les deux opinions qui se sont
fait jour dans la question, il poursuit un but chimé-
rique, car elles se condamnent mutuellement, et tout
ce qu'il voudra faire dans un sens l'éloignera forcément de l'autre. En un mot, intervention directe et

liberté dans la production sont incompatibles. M. Walewski examinait ensuite les deux rapports des deux
fractions de la commission ; il faisait remarquer entre
autres choses que la majorité ne se préoccupait pas de
la jument et du rôle important qu'elle joue dans la
production ; qu'elle ne songe qu'à l'étalon ; qu'elle n'a-
vait pas traité la question commerciale ; qu'elle ne se
préoccupait pas du débouché, et ne proposait rien pour
augmenter la consommation. « Elle oublie, disait
M. Walewski, que c'est à favoriser le commerce, à développer la concurrence, à établir la liberté des transactions que doivent tendre tous les efforts de l'administration ; la production et l'emploi du cheval de luxe,
acheté à des prix rémunérateurs, encourageront bien
mieux l'industrie et la création du cheval de guerre que
ne peuvent le faire aujourd'hui ses deux seuls protec-
teurs, la remonte et les haras. » Ces paroles sont trop con
formes à nos opinions, pour que nous n'y applaudissions
pas, mais aussi pour que nous ne regrettions pas que
les mesures proposées ne viennent pas les confirmer.
Nous nous étonnons encore que ce soit parmi ceux qui,
au dire de M. Walewski, ont omis ou n'ont pas compris
tant de choses importantes, qu'on ait trouvé la composition du conseil des haras. Nous avons été péniblement surpris lorsque M. le ministre d'État ajoutait :
« Quant à la minorité, elle me semble trop exclusive ;
si elle se montre très-libérale au point de vue de la
question commerciale, elle ne tient pas assez compte

des intérêts populaires. Elle n'a nul souci de mécon-
tenter toute une classe d'éleveurs des campagnes dont
la jument est la fortune... » Voilà, certes, un reproche
auquel on ne pouvait s'attendre, et nous qui n'avons
cessé de combattre en faveur des principes de la minorité de la commission, nous nous réjouissons que la
haute impartialité du chef de l'État ait autorisé la publication au *Moniteur* du rapport de la minorité.
Chacun sait, en effet, aujourd'hui que la minorité, en
demandant la diminution graduelle des haras, avait en
vue de reporter au chapitre des primes à l'industrie
particulière les sommes énormes employées forcément
à la rétribution des fonctionnaires d'une machine gou-
vernementale ; et cette industrie privée n'est autre,
que nous sachions, que celle de l'éleveur, celle du
paysan. On se rappelle d'ailleurs que la minorité ne
demandait pas l'augmentation du budget des courses.
Le rapport de M. Walewski constatait si bien cette
vérité, qu'il disait en parlant de la minorité : « Elle
termine par l'exposé de son système, *caressé* de longue
date, de *convertir en primes toutes les allocations*
portées au budget! » Après cet aveu, nous aurions
peut-être le droit de déplorer que le rapport signalât les
tendances de la minorité comme contraires aux intérêts
populaires, les seuls dont les hommes indépendants
qui la composaient se soient préoccupés.

Le rapport ajoutait : « La minorité voudrait supprimer les haras. S'ils disparaissaient tout à coup, l'on

verrait bientôt la remonte de la cavalerie compromise, la production devenir inférieure, et, comme le dit le rapport de la majorité, malgré les primes les plus séduisantes, l'on verrait se substituer aux étalons de l'État les reproducteurs les plus défectueux. Bien peu d'étalonniers auraient le courage de mettre une grosse somme à l'acquisition d'un père de mérite, et s'il s'en trouvait en dehors des éleveurs de pur sang, on les verrait immanquablement vendre leurs étalons au premier acheteur étranger qui leur offrirait un léger bénéfice. Nos meilleurs chevaux seraient vendus à l'Italie, à l'Allemagne, à la Belgique, à l'Espagne, et jamais l'on ne trouverait d'éleveur assez hardi pour aller en Angleterre ou en Syrie chercher les étalons qui manquent et que les haras leur fournissent aujourd'hui. »

Nous avons sous les yeux les conclusions de la minorité, et nous ne pouvons y découvrir ce vœu d'une disparition immédiate ; nous voyons au contraire que ce n'est que graduellement qu'on proposait de supprimer les établissements de l'État et là où l'industrie particulière tendrait à se substituer à ces derniers. Cette méprise sur les intentions de la minorité est d'ailleurs sans gravité, puisque chacun est à même de vérifier ce que nous avançons. Nous ne recommencerons pas la discussion, et nous ne dissiperons pas de nouveau les craintes chimériques renouvelées dans le rapport que nous examinons. Nous croyons que les primes seraient, en effet, assez *séduisantes* et que l'intérêt de l'éleveur seul suffirait pour lui faire conserver un capital dont il pourrait toucher de gros intérêts.

M. Walewski se ralliait ensuite à l'idée de la minorité d'opérer les achats pour la cavalerie à cinq ans et à un taux plus rémunérateur; il laissait entrevoir même le jour où on pourrait supprimer les dépôts de remonte; ce qui, comme on l'a vu, est tout à fait conforme à nos idées.

Nous arrivons ensuite au programme d'organisation proposé par M. le ministre d'État, et nous voyons que si d'un côté on diminue le nombre des étalons nationaux, tout en créant deux dépôts nouveaux en Savoie, on augmente néanmoins le personnel de l'administration; que si, d'une part, on supprimait la jumenterie Pompadour, d'un autre on achète à deux ans les étalons destinés à la remonte des haras. Cette mesure, que le rapport regardait comme *bien simple*, nous paraît, à nous, qui avons cependant quelque habitude du cheval, d'une difficulté énorme dans l'exécution; il est fort difficile, en effet, pour ne pas dire impossible, même avec les hautes capacités de MM. les officiers des haras, de juger à deux ans ce qu'un cheval sera à cinq.

En opérant ainsi, vous vous placez dans cette alternative, ou de prendre les chevaux bons et mauvais que vous aurez retenus à deux ans, ce qui, vu le déchet les mettra à un prix de revient presque égal à ceux provenant de vos jumenteries, ou de les laisser pour compte à l'éleveur s'ils tournent mal, ce que vous ne pouvez pas faire sans le tromper. En outre, vous mettez l'industrie privée dans l'impossibilité de trouver, après vos achats, des étalons de mérite, et vous arriverez forcément à primer de mauvais reproducteurs. Cette mesure d'achat à deux ans devant avoir pour résultat de faire castrer de bonne heure les animaux refusés par vous, vous prouverez ce que nous ne cessons de répéter, à savoir, que votre système de conciliation est impraticable. Du reste, cette idée n'a pas été mise à exécution et nous pensons qu'on y a renoncé.

Le chapitre des encouragements est augmenté de 600,000 francs. Sur cette somme, il faut, dit le rapport, primer étalons, poulinières, pouliches, les chevaux dressés et castrés de bonne heure, encourager les courses au trot et avec obstacles, subventionner de nombreuses écoles de dressage et d'équitation. Voilà certes un budget qu'il ne sera pas facile d'équilibrer pour que les résultats deviennent efficaces. La tâche nous paraît énorme et les moyens bien faibles. Lorsque nous voyons les haras s'occuper non-seulement de la reproduction chevaline, mais encore vouloir former des écuyers et des cochers, nous croyons qu'il serait plus prudent de demander dès maintenant des allocations plus considérables. En supposant ces sommes accordées par le conseil d'État et par les Chambres, on

verrait du moins si le nouveau système peut produire
des résultats nouveaux.

Voici encore un point qui nous avait paru gros de
difficultés : « Le directeur général des haras est autorisé
à visiter les dépôts de remonte et à présenter ses observations sur les dépôts dans des rapports *officiels* au
ministre d'État et au ministre de la guerre. » Cette
situation, disons-le, deviendrait impossible ; car enfin
il faut admettre que les rapports de MM. les officiers
généraux des remontes pourront se trouver en désaccord avec ceux du directeur général des haras ; et,
dans le cas d'une enquête contradictoire inévitable,
qui est-ce qui sera juge entre les deux administrations?
Déjà, à une autre époque, on avait voulu confondre en
une seule direction ces deux grandes puissances, dont
l'une représente la production et l'autre la consommation, et on avait dû y renoncer, vu les conflits de toute
sorte qui surgissaient chaque jour. Ce qui prouve d'ailleurs, que nos appréciations étaient justes à ce sujet,
c'est que ce projet n'a pu encore être mis à exécution.
Il rencontre, dit-on, une opposition sérieuse chez M. le
ministre de la guerre.

A la même date, *le Moniteur* contenait la nomination
du général Fleury, aide de camp et premier écuyer de
l'empereur au poste de directeur général des haras.
Quoique cet officier supérieur ait fait partie de la commission de 1852, où par son vote il avait reconnu que
l'État devait diminuer son action dans la production, il

refusa de faire partie de celle de 1860. Pressentant déjà peut-être la possibilité de son entrée dans la combinaison qui devait surgir du débat, il se réservait, par ce refus, une entière liberté d'action. Le nouveau directeur général succédait à un simple chef de division, M. de Belleyme, qui n'était point un homme de cheval, mais qui s'était montré bon administrateur, et qui avait hérité du rôle, si ce n'est du titre de son prédécesseur, M. Gayot. Administrateur habile, hippiatre distingué, M. Gayot, par les études qu'il avait faites, était, plus que beaucoup d'autres, en situation de donner une bonne direction à l'élevage. Mais il était avant tout l'homme de l'administration, et ne songeait guère qu'à lui donner de l'importance au détriment de l'industrie privée. Le grand acte qui signala la direction de M. Gayot, ce fut la création, dans le Midi, d'une famille dite anglo-arabe. Il s'était formé antérieurement, dans la plaine de Tarbes, une famille arabe, qui, si on l'eût augmentée et conservée pure à l'aide de reproducteurs orientaux, aurait pu améliorer sensiblement les chevaux de cette région. La pensée de M. Gayot, en les transformant, était d'augmenter la taille des chevaux du Midi par le croisement de la jument arabe et de l'étalon anglais. De cette alliance naquit le reproducteur anglo-arabe. Que serait-il résulté à la longue de l'emploi de cette nouvelle souche, c'est ce qu'il est peut-être facile de prévoir, mais enfin le temps ayant manqué pour compléter l'expérience, on ne peut à cette

heure affirmer qu'une seule chose, c'est qu'on dépensa
beaucoup d'argent pour ne récolter que des fruits médiocres. Et s'il est un fait certain aujourd'hui, c'est que
les derniers échantillons de la race arabe que nous
avons eu l'occasion d'admirer nous-même, il y a quinze
ans, ont disparu pour faire place à des produits sans
harmonie. Les chevaux de la plaine de Tarbes sont en
effet plus grands ; toutefois cet accroissement dans la
taille n'a été obtenu qu'au détriment des forces mêmes
de l'animal; ils sont ce qu'on appelle vulgairement
hauts montés, et au bout de peu de temps d'un service
médiocre, nos régiments sont obligés de les réformer
pour cause d'usure. Il en est résulté que la guerre dé-
serte sensiblement les contrées du Midi pour opérer
ses achats en Algérie.

En prenant possession de son nouveau poste, le directeur général publia une circulaire à ses agents ; elle ne
fut point inspirée par cet esprit systématique, qui n'est
le plus souvent que le fruit d'une forte conviction basée
sur l'expérience et sur des études spéciales. Chacun des
actes de la nouvelle administration présente l'aspect
d'une expérimentation. C'est bien toujours le même
vieux système qui a produit ce que chacun sait, mais
on l'a illustré de quelques pratiques nouvelles entourées
d'un certain lustre qui éblouit la foule, mais qui con-
sterne l'économiste et le financier aussi bien que l'homme
pratique.

Le Moniteur du 5 janvier publiait le compte rendu

de l'administration des haras pour l'année 1861. Le premier tort de ce document a été d'arriver trop tôt, et on s'est demandé s'il était possible d'accuser, au bout d'une année d'existence, le moindre résultat. Les idées émises dans le compte rendu ont reçu un accueil peu favorable dans la presse française et étrangère. *Le Pays* et *le Constitutionnel* sont les seuls journaux qui y aient adhéré .En revanche, *le Temps*, *l'Opinion nationale*, *la Presse*, *le Siècle*, le *Journal d'Agriculture pratique*, *l'Écho Agricole*, *la Culture*, et à l'étranger, la *Gazette d'Augsbourg*, *l'Italia* de Turin, la *Gazette de Lausanne* et le *Précurseur d'Anvers* ont fait une opposition très-vive au nouveau programme. A nos yeux, le principal défaut de la nouvelle direction est de se lancer dans des dépenses énormes; ainsi quoique l'effectif des dépôts d'étalons eût été réduit de trois cents chevaux en raison de réformes urgentes, le chiffre de la dépense n'en a pas moins augmenté déjà de 900,000 fr.! Si, comme nous avons lieu de le croire, un nouveau crédit est encore sollicité, nous demandons ce que l'industrie chevaline y aura gagné. Nous savons bien qu'une augmentation a été accordée au chapitre des primes, et nous rendons, à cette occasion, toute justice aux intentions du directeur général; seulement, nous voyons avec regret ce dernier ne se préoccuper sérieusement que d'une chose, — l'entretien de l'effectif de notre cavalerie. Ce but, qui pourrait suffire à l'ambition d'un officier de cavalerie, ne peut être le seul auquel

doive viser le chef d'une administration chargée de
veiller à des intérêts si divers. Il doit aussi songer à la
question financière, car il est des moments dans la vie
d'un peuple où des économies, si petites qu'elles
soient, ont leur importance. Nous ne doutons pas
qu'avec les idées de la nouvelle administration, l'activité de son chef et les fonds mis à sa disposition, on
n'arrive à améliorer l'espèce, à développer peut-être
le *goût du cheval.* Au prix de quel sacrifice attein-
dra-t-on le but? Voilà ce dont une administration habile,
se souciant des intérêts de la nation, doit se préoccuper.
Il est un fait certain, c'est que les mesures prises récemment portent le cachet d'un temps loin de nous ;
elles peuvent donner un élan momentané à la production, mais reposant en partie sur l'initiative de l'État,
elles ne porteront aucun fruit durable. Si vous voulez
fonder une industrie prospère, il faut faire appel aux
sources vives et multiples du pays ; c'est en s'appuyant
sur l'activité et sur la puissance sans bornes des intérêts particuliers qu'on décuplera les forces de la production. L'État doit éviter d'entreprendre une tâche
qu'il ne peut pas seul mener à bonne fin ; il doit se
borner à pousser les individus dans la voie qui lui paraît
la plus sûre pour arriver promptement au développement complet de la richesse nationale. Le ministre distingué qui préside aux destinées de l'agriculture française avait si bien compris les idées que nous venons
d'émettre, qu'il vota pour la suppression pure et sim-

ple de l'administration des haras, placée alors dans son département. Le fait seul de nous trouver d'accord avec un des promoteurs des idées libre-échangistes nous confirmerait encore dans nos opinions, si nous n'y avions été conduits par l'étude approfondie de la question.

Nous nous résumerons donc en disant qu'après examen fait des différentes phases qu'a traversées la production chevaline en France, nous nous sommes convaincu que toutes les fois que l'éleveur, libre de toute entrave, a été certain de trouver un débouché et des prix plus rémunérateurs; il a su rendre son industrie florissante. Dans le moyen âge, et jusque sous Louis XIV, il n'a point failli à sa tâche; ce n'est que du jour où l'administration est venue faire concurrence à ceux qu'elle aurait dû encourager, qu'on s'est aperçu que les progrès de la population chevaline n'étaient plus en raison des besoins du pays. Nous le répéterons donc en finissant : il faut que le gouvernement sache que l'éleveur est disposé à marcher en avant, qu'il veut être traité non en mineur, mais en homme libre, et que, du jour où il verra tomber les institutions qui lui rappellent le temps de sa servitude, il réalisera les progrès qu'on est en droit d'attendre de citoyens sur lesquelles reposent en partie l'avenir de notre agriculture.

Au moment même où ce travail va paraître, le directeur général des haras, dans son rapport annuel, publié le 5 janvier au *Moniteur*, laisse entrevoir le jour où il remettra complétement l'avenir de la production chevaline entre les mains de l'industrie privée. Cet inattendu retour vers les idées de liberté prêchées par nous dans ces derniers temps, nous le signalons avec joie, en appelant de tous nos vœux la réalisation de nos espérances.

II

DE LA PRODUCTION DE LA VIANDE

A BON MARCHÉ

———

Cette année, la discussion sur les moyens à employer pour augmenter la production de la viande a été très-vive ; journaux politiques, revues agricoles, chacun a dit son mot sur cette question, l'une des plus importantes qu'ait à résoudre l'agriculture moderne. En industrie, comme en bien d'autres choses, la lumière se fait lentement, les meilleures doctrines sont longtemps avant de porter leurs fruits ; cependant on ne peut se dissimuler que les différentes publications agricoles n'aient puissamment aidé aux progrès constatés aujourd'hui.

6

Les questions économiques préoccupent à bon droit les esprits, et c'est à leur solution que nous devons travailler. C'est par l'étude des questions sociales et aussi en venant grossir le bataillon des ouvriers de la science que notre génération doit chercher à résoudre les problèmes qui s'imposent à nous plus impérieusement chaque jour. Ce n'est pas sans une grande joie que nous constatons depuis quelque temps, en parcourant la liste des exposants dans les concours, que certaines activités se sont tournées vers l'agriculture; la charrue, dans ces dernières années, a vu accourir à elle bien des nouveaux venus, et la terre qu'elle retourne en a profité. Savants, hommes d'État, agronomes, simples cultivateurs, tous à cette heure prennent la plume pour faire part de leurs découvertes ou de leurs observations. La science agricole a fait un grand pas; les Baudement, les la Tréhonnais, les Sanson nous ont expliqué les mystères de la physiologie animale et les principes de la zootechnie; les Barral, les Lavergne, les Joigneaux ont répandu à profusion la lumière sur les meilleures pratiques à employer pour féconder le sol; les Liebig, les Humphrey-Davy, les Boussingault, les Payen ont vulgarisé les résultats de leurs travaux, de leurs découvertes. La chimie est désormais, grâce à ces hommes éclairés, un auxiliaire puissant, à l'aide duquel le cultivateur peut introduire dans sa terre de nouveaux éléments de fertilité; elle lui apprend aussi sur quelles bases il est appelé à travailler, et à quelles conditions il peut espérer de jouir toujours des trésors que la nature a placés dans les entrailles de la terre. Cependant l'agriculture est une science tellement complexe que bien des problèmes sont encore à résoudre.

Une des causes qui jusqu'ici ont rendu l'agriculture la moins fructueuse des industries, c'est la difficulté qu'éprouve le cultivateur à renouveler souvent son capital. Les produits les plus hâtifs sont enfouis six mois dans la terre, et les autres y séjournent neuf et dix mois. Le jour où on les rentre dans la grange ne les voit pas encore convertis en espèces sonnantes, et des circonstances indépendantes de la hausse et de la baisse retardent encore souvent la réalisation des bénéfices. Si du règne végétal nous passons à la production animale, c'est alors qu'il faut s'armer de patience. A part l'industrie des veaux et celle des agneaux gras, spéciale aux environs des grands centres, cinq années, au minimum, sont en France le laps de temps qu'il faut pour fabriquer un bœuf de boucherie, et ce n'est encore que l'exception, nos races, en général, n'étant mûres qu'à six et huit ans ! Ce fait seul place l'agriculture française dans ce dilemme : ou de négliger la production de la viande en nous rendant tributaires de l'étranger pour une partie notable de la consommation, ou de chercher un moyen de rapprocher le terme de l'intérêt du capital bestiaux. Nous le demandons, quel est l'économiste qui voudrait conseiller notre première hypothèse? Ne sommes-nous pas favorisés par un climat tempéré? n'avons-nous pas des pâturages excellents? l'industrie sucrière et d'autres encore ne fournissent-elles pas à l'agriculture des résidus propres à être convertis en viande? Faut-il donc ne tenir aucun compte de circonstances si favorables et abandonner des éléments qui peuvent être rendus si féconds? Non, assurément, mais il faut, encore une fois, de toute nécessité faire circuler le capital, afin de bannir la stérilité.

En ce qui concerne le capital bestiaux, on peut dire qu'il est immobilisé trop longtemps dans les mêmes mains, et cela tient à deux défauts inhérents à nos vieilles races françaises : *leur manque de précocité, et leur résistance à l'engraissement*. Mais, nous dira-t-on, comment est-il possible d'amener une race qui jusqu'ici a demandé six ans pour atteindre son développement à n'en plus exiger que trois, par exemple? Certes, on est en droit de s'étonner, et cependant c'est ce qui a été fait tout près de nous, de l'autre côté de la Manche. Des hommes de génie ont résolu le problème; appelant à l'aide de leur conception hardie la persévérance, qualité nécessaire pour fonder une entreprise durable, ils ont créé des races animales qui, dans un temps donné, fournissent à l'alimentation publique deux fois autant de viande que nos races indigènes.

La découverte est faite, il ne s'agit donc plus que de

l'appliquer. Eh bien, certains hommes s'y refusent
encore ; comment donc s'étonner s'ils trouvent dans un
public inférieur des écoliers dociles? Mais, hâtons-nous
de le dire, des expérimentateurs heureux ont ouvert
les yeux au plus grand nombre, et ce qu'une théorie
excellente, si bien présentée qu'elle fût, n'eût pu produire à elle seule, une pratique couronnée d'un plein
succès l'a résolu.

Un des détracteurs les plus acharnés des races précoces disait, il y a quelque temps, « que les bœufs de
deux à trois ans, quoique appartenant à des races précoces, n'ayant pas terminé leur croissance et n'étant
conséquemment pas encore mûrs, ne peuvent fournir
qu'une viande malsaine, peu agréable au goût et d'ailleurs fort chère; que mieux vaudrait, pour l'agriculteur *et pour nos cuisines*, augmenter la production de
nos bœufs indigènes, qui indemnisent l'éleveur par
leur travail et nous fournissent une nourriture plus
succulente et à meilleur marché. »

En réponse à la théorie du rédacteur en chef de la
Revue d'Économie rurale, nous citerons l'opinion de
M. Baudement, chargé depuis huit ans par M. le ministre de l'agriculture d'apprécier à l'étal des bouchers le rendement ou la qualité de la viande des
animaux de concours. Du travail du savant professeur
de zootechnie il ressort que, depuis la création du
concours de Poissy, les croisements durhams ont toujours tenu la tête « comme engraissement précoce et

comme *qualité de viande*, et que, depuis l'institution
de la coupe d'honneur, ce sont toujours les durhams
purs ou leurs dérivés qui l'ont obtenue. » On lit aussi
dans le rapport de M. Baudement que « les bœufs les
plus jeunes prennent rang avant les bœufs les
plus âgés, pour la qualité de la viande. » On y voit
également que c'est dans la période de trois à six
ans que les bœufs français ont acquis le plus de qualité, et que c'est avant trois ans et jusqu'à six que la
viande est la meilleure chez les bœufs de race anglaise.

Quant au reproche fait à la viande des animaux précoces de manquer de saveur, ce qui est, comme le
prouvent les expériences de M. Baudement, complète-
ment erroné, ce serait là, dans tous les cas, n'envisa-
ger que le petit côté de la question. Ce qu'il faut, c'est
augmenter la production pour satisfaire des besoins
impérieux et abaisser par là le prix de la viande. Les
populations rurales n'ont pu jusqu'ici se nourrir des
animaux qu'elles font naître, et celles des villes ne se
procurent de la viande qu'à un taux presque toujours
au dessus de leurs moyens. Enfin, croirait-on qu'une
soupe au bouillon de bœuf et la viande qui l'a produite
sont considérées comme un régal dans les pays d'élevage ? Ces deux mets et un plat de laitage constituent
le fond d'un dîner de noces dans les campagnes, et à
voir le succès qu'ils obtiennent, il est aisé de conjec-
turer qu'ils n'apparaissent que dans les grandes cir-

constances. La viande de porc seule figure sur la table du paysan, et nous ajouterons que dans certaines provinces, ce n'est encore que le dimanche!

On nous dit qu'avec les bœufs précoces on ne pourra plus exécuter les travaux des champs. Nous répondrons à cela que nous ne manquons pas de chevaux pour labourer la terre, et que si partout on voulait substituer le bœuf au cheval comme animal de trait, on porterait un coup funeste à la production chevaline, qui, à plus d'un titre, a droit à tout notre intérêt. Lorsqu'on avance que « les bœufs s'engraissent en travaillant, » fort de notre expérience nous répondons : Non-seulement les animaux ne s'engraissent pas en traînant la charrue ou le tombereau, mais encore ils dépérissent à vue d'œil. Dans le Nord, par exemple, dans les exploitations où l'industrie sucrière vient apporter son efficace et puissant secours, où les travaux sont exécutés par les bœufs, ces paisibles serviteurs, malgré un régime fortifiant, sont dans un état de maigreur extrême; ce n'est qu'après une complète cessation de travail qu'ils commencent à s'engraisser.

L'auteur de l'article auquel nous répondons pose cette question : « Pourquoi, s'il y a grand avantage à élever des durhams ou d'autres animaux jouissant du grand privilége de la précocité, les éleveurs s'obstinent-ils à ne pas vouloir produire un compte de revient que nous avons demandé bien souvent? » Il n'est malheureuse-

ment que trop vrai que la comptabilité est fort négligée par les cultivateurs; bien peu d'éleveurs pourraient présenter des livres établissant des comptes
ouverts aux différentes branches de leur exploitation.
Cela tient à une cause pénible à avouer, c'est que la
grande majorité des éleveurs est incapable de profiter
de ce moyen de contrôle. L'instruction primaire a été
jusqu'ici fort négligée, et il est du devoir de l'État de
se préoccuper sérieusement d'une question d'où dé-
pendent les intérêts moraux et matériels des classes
laborieuses. Il faut le dire, le paysan ou l'ouvrier français n'attache pas toute l'importance nécessaire à la
fréquentation des écoles par les enfants ; pourtant une
loi qui rendrait obligatoire l'instruction publique
aurait les meilleurs effets. Ce sont surtout les filles de
nos cultivateurs que nous voudrions voir venir en aide
au travail commun par une comptabilité simple qui serait si féconde en heureux résultats. Maintenant, même
parmi ceux dont l'instruction est suffisante, combien y
en a-t-il qui se rendent un compte rigoureux de leurs
opérations?

Nous constatons presque partout avec regret cette
très-grande indifférence pour un des éléments les plus
nécessaires à une réussite profitable à tous; toutefois,
nous pouvons affirmer qu'il est certains éleveurs d'animaux précoces qui pourraient fournir tous les renseignements désirables. Nous savons de source certaine,
par exemple, que le jury chargé de visiter les fermes

des concurrents à la prime d'honneur dans la Sarthe, il y a cinq ans, a constaté chez l'heureux lauréat de cette flatteuse distinction, à l'aide d'une comptabilité irréprochable, que les croisements durhams-manceaux qui composaient l'étable du Plessis d'Auvers n'avaient cessé de donner un bénéfice considérable. D'ailleurs il est un fait certain, c'est que le département de la Mayenne, qui est à la tête des pays les plus productifs, tant au point de vue du bétail qu'à celui des céréales, doit en partie sa prospérité à l'introduction de la race durham.

Le rédacteur de la *Revue d'Économie rurale* finit en disant que les races que nous préconisons doivent « vivre en serre chaude, entourées de soins inouïs, nourris d'une façon toute particulière ; » et il conclut ainsi : « Si c'est là ce qui constitue le progrès, nous ne nous en serions jamais douté. » Nous lui répondrons qu'en effet ce qui constitue le progrès, c'est d'entourer de tous les soins possibles le cheptel d'une ferme, en lui fournissant copieusement des aliments variés; que c'est encore d'opérer sur des animaux qui, dans un court espace de temps, rendent avec usure l'intérêt du capital engagé. Nous lui répondrons que ce qui, au contraire, constitue la routine et la misère, c'est l'ignorance et l'incurie de beaucoup de nos éleveurs; c'est l'emploi de ces colosses osseux et tardifs qui consomment, pour *leur entretien seul*, plus de fourrage qu'il n'en faudrait pour engraisser des animaux plus hâtifs. Ce qui constitue la routine, c'est la conservation des métis de race française pure ou métis-mérinos, qui ne vous donnent, les premiers qu'une laine grossière, et les seconds qu'une laine trop courte pour répondre aux nouveaux besoins de la fabrication. Ce qui constitue la routine, c'est cette obstination à produire de la laine au détriment de la viande, dont nous manquons, lorsque l'Autriche, la Russie, l'Espagne peuvent la fournir, rendue dans nos ports, à meilleur marché que l'agriculture française. D'ailleurs ce qui explique en partie pourquoi les métis-mérinos sont plus sujets à la maladie dite du *sang de rate* que les moutons de race anglaise, c'est que ces animaux sont d'un tempérament délicat, d'un organisme défectueux, et que, chez eux, la nourriture produit plus de sang et d'os que de viande et de graisse. Cette maladie, dont on n'a pu découvrir la cause, décime chaque année de nombreux troupeaux. Si elle est presque inconnue en Angleterre, on nous accordera que l'organisme parfait des moutons d'outre-Manche, qui a pour résultat une assimilation complète des aliments au point de vue de la production de la viande, n'est pas étranger à la rareté de cette maladie du sang de rate.

On ne saurait trop le répéter, ce qui retarde indéfiniment le progrès, c'est la mauvaise foi et un patriotisme mal placé, qui se refusent à voir que la grande supériorité des races perfectionnées par nos voisins sur les races continentales tient à la précocité qui

permet d'entretenir deux animaux là où on n'en entretient qu'un seul aujourd'hui, et à la facilité avec laquelle ces races améliorées s'assimilent les aliments
qu'un organisme excellent transforme en viande et en
graisse.

Non, les durhams n'ont pas besoin d'être tenus « en
serre chaude, » bien au contraire : en Angleterre ils
vivent en plein air, été comme hiver, et chez nous,
ceux qui les ont importés ont bien soin de les tenir à
l'herbage le plus possible et de les abriter dans la
saison des neiges dans des étables bien aérées. Ce sont
bien plutôt les partisans du *statu quo*, les satisfaits,
qui renferment leurs animaux dans des trous où on est
asphyxié dès l'entrée par la chaleur et l'émanation des
fumiers qui s'y entassent !

Un journaliste se demandait l'an dernier, en parlant
d'un durham-manceau de trente-cinq mois exposé à
Poissy et pesant 840 kil., ce que cet animal avait dû
coûter pour être amené à cet état d'embonpoint. A
l'aide de calculs purement hypothétiques, il concluait
que le bœuf avait dû coûter au moins 1,200 fr., ce qui
mettait la viande à 2 fr. 50 le kil., prise en masse. Un
argument qui est plus fort que toutes les démonstra-
tions de notre agronome de cabinet, c'est la prédi-
lection toute particulière que donnent les herbagers
aux croisements durhams. Sur une foire de l'Ouest,
une paire de bœufs accusant du sang anglais vaut 60
ou 80 francs de plus que celle qui n'en a pas. Il est

donc probable que cette faveur est basée sur la certitude d'un engraissement plus prompt, c'est-à-dire plus productif. Comme on le voit, si le producteur est en gain, d'un autre côté le consommateur ne peut pas se plaindre, puisqu'il ne paye pas un centime de plus cette viande prétendue si chère à fabriquer. La preuve que ce dernier ne se plaint pas, c'est que nous connaissons plusieurs bouchers de province qui ont vu leur clientèle s'augmenter depuis qu'on sait qu'ils ne tuent que des animaux améliorés par le sang anglais.

M. Joigneaux disait naguère, dans *le Temps*, à l'occasion de cette question de la production de la viande :

« Au point de vue des intérêts immédiats d'une exploitation, et dans certaines conditions, il peut y avoir avantage à élever des races précoces ; mais, en se plaçant à un point de vue plus élevé et plus large, il est à désirer que les races précoces ne se substituent point à nos races naturelles et fortes. Il faut bien reconnaître que la précocité chez les animaux, aussi bien que chez les végétaux, ne s'obtient qu'aux dépens de la vigueur, de la santé, de la fécondité et de la qualité. Ces sacrifices ne sont pas contestables ; qu'on se les impose si l'on y trouve son profit, nous n'y voyons rien à redire ; mais nous ne saurions admettre l'équilibre de qualités que l'on cherche à établir entre les viandes précoces et les viandes tardives. Loin de nous, sans doute, la pensée de mettre en parallèle la viande du durham et

celle d'un veau quelconque venant de Pontoise ou
d'ailleurs ; la viande d'un essex perfectionné avec celle
d'un cochon de lait. L'argumentation ne serait pas va-
lable. Nous prenons donc les races précoces arrivées à
l'âge mûr, et les races tardives dans les mêmes conditions de maturité, et nous posons en fait que les premières ne valent pas les secondes pour la qualité. »

Nous retournerons cette proposition, et nous dirons
qu'en se plaçant au point de vue qui nous paraît être
le plus large et le plus élevé, c'est-à-dire au point de
vue de la richesse agricole et du bien-être des classes
laborieuses, il est à souhaiter que bientôt les races
précoces remplacent nos vieilles races, puisque cette
introduction doit avoir pour résultat la production
d'une plus grande quantité de viande. Ceux qui parlent
toujours de la saveur du bœuf français devraient, ce
nous semble, songer un peu à ceux qui n'en peuvent
juger, puisqu'il est malheureusement avéré que le *pot-
au-feu* est encore un luxe dans le pays qui devrait
être le pays agricole par excellence. Nous regrettons
profondément que M. Joigneaux n'apporte pas à la défense des opinions que nous émettons le secours de sa
plume féconde et la notoriété d'un nom cher à l'agriculture.

Il est hors de doute qu'il serait possible d'améliorer
nos races par elles-mêmes, au moyen d'une *sélection*
intelligente dans la race elle-même ; mais cette expérience coûterait des sommes énormes et bien des

7

années de persévérance et de travaux. Il n'existe pas dans nos races françaises, à l'exception peut-être d'une ou deux, de types au moyen desquels on puisse leur imprimer les qualités qui leur manquent absolument. Ces races sont presque toutes trop anciennes, et, par conséquent, leurs défauts sont trop profondément fixés, pour qu'on puisse retrouver chez elles des éléments d'amélioration assez puissants pour combattre et détruire un *atavisme* aussi défectueux.

Ceux qui veulent perfectionner nos races doivent donc chercher en dehors d'elles les éléments de cette amélioration. La chose n'est plus à tenter, et le succès éclate à chaque occasion. La nouvelle famille de Durcet, dans l'espèce bovine; celles d'Alfort et de la Charmoise, dans l'espèce ovine, nous offrent des enseignements trop frappants pour ne pas convaincre ceux qui cherchent la vérité. Les croisements de toutes sortes que nous offrent les concours depuis quelques années, tels que les durhams-manceaux, les durhams-charollais, les durhams-cotentins, les durhams-bretons, donnent des résultats si extraordinaires et si faciles à vérifier, que de semblables faits, produits au grand jour, devraient clore à jamais toute discussion. L'agriculteur qui cherche à produire beaucoup en peu de temps et à bon marché n'atteindra son but qu'en poursuivant la tâche commencée si heureusement dans le pays par les Malingié et poursuivie par tant d'autres. Avec les mêmes frais il faut, au moyen de croisements judicieux, produire une quantité double et triple d'animaux de boucherie, c'est-à-dire augmenter la fertilité du sol au moyen d'une plus grande masse d'engrais, et par suite aussi les produits de toutes sortes, en un mot doubler la valeur de la terre. Nous ne craignons pas de le dire, l'avenir de l'agriculture française repose en partie sur l'adoption ou le rejet des principes qui font aujourd'hui la prospérité de celle de nos voisins d'outre-Manche. Il est temps que les marais, les landes immenses qui occupent encore une partie considérable de notre France disparaissent pour faire place à une culture réclamée par le bien-être et la santé des populations autant que par l'honneur même du pays.

II

En réponse à ces réflexions, M. Joigneaux, dont nous avions combattu les conclusions, nous a donné dans *le Temps* de nouveau la réplique. Nous allons essayer d'éclairer cette importante question de la viande à bon marché, qui intéresse à un si haut degré le consommateur comme le producteur.

Nous commencerons d'abord par établir que nous n'avons jamais considéré le *croisement* comme un *principe*, mais bien comme un *moyen*. Produire dans un temps donné moitié plus de viande afin d'en faire baisser le prix, tel est le but. Pour y atteindre, il faut de toute nécessité — et tous sont'à peu près d'accord sur ce point — donner à nos races de boucherie les qualités qui leur manquent : la *précocité* et l'*aptitude à un engraissement prompt.* Deux systèmes sont en présence pour amener ce résultat : la *sélection* et le *croisement.* Notre contradicteur tient pour la première de ces deux voies, nous pour la seconde. « Ce que l'on veut dans les diverses espèces, dit M. Joigneaux, c'est l'aptitude à l'engraissement et la précocité. Nous ne condamnons pas absolument cette tendance, mais nous ne l'approuvons pas absolument non plus, surtout quand on la poursuit par la voie de croisements, méthode qui, selon nous, abâtardit et affaiblit les races, tandis que la sélection les perfectionne sous tous les rapports. Pour ce qui est de la précocité, nous savons bien que l'éleveur y trouve son avantage, et que la graisse coûte moins à faire chez les bêtes précoces que chez les bêtes tardives ; mais à côté de l'avantage commercial, il y a, selon nous, un inconvénient, l'amoindrissement de la qualité.

» Notre excellent confrère, M. Guy de Charnacé, n'est point de cet avis. Dans un intéressant article, publié ces jours derniers dans *la Presse*, il prend trèschaleureusement la défense des bœufs précoces et s'appuie de l'autorité de M. Baudement pour établir que la précocité assure la qualité, au lieu de la compromettre. Ceci est affaire de goût, non de science, en sorte que les plus savants pourraient bien se tromper dans leurs appréciations.

. . . .

. . . .

» Ainsi que notre bienveillant confrère, nous voudrions que le *pot-au-feu* fût à la portée du plus grand nombre, et si les croisements multipliés et la création des races précoces devaient nous amener infailliblement ce résultat, au risque de ne compromettre que la qualité de la viande, nous souscririons au sacrifice. Mais nous n'y souscrivons pas : 1° parce que les races dites perfectionnées ou améliorées par le croisement nous semblent moins fécondes, moins robustes, plus sujettes aux maladies que les races non croisées ; 2° parce qu'à nos yeux le meilleur moyen de multiplier le bétail, c'est de multiplier les vivres, d'étendre et d'améliorer les cultures fourragères. La précocité gagnée graduellement sous l'influence d'un excellent régime alimentaire nous suffit, nous paraît préférable à la précocité gagnée par les croisements, aux dépens de la force et des caractères propres aux différents types. »

Nous commencerons par écarter la question dou-

teuse de la qualité de la viande, qui n'est que secondaire au point de vue social, et nous entrerons de suite
dans le vif de la question.

Étant donné, d'une part, une plus grande *fixité* dans
les races pures, fixité due à plus de fécondité peut-être,
et à plus de rusticité sûrement ; d'autre part, étant donné
plus de *précocité* et plus d'*aptitude à l'engraissement*
chez les animaux français issus de croisements, quel
est le point essentiel, quel est celui que l'on devra
sacrifier, s'il y a incompatibilité entre ces deux caractères ? La fixité de la race est-elle le premier attribut
d'une race de boucherie, ou bien est-ce l'aptitude
précoce et plus grande à l'engraissement ?

On entend par la fixité la perpétuation spontanée
d'une race, soit naturelle, soit artificiellement créée
par l'homme. Or il tombe sous le sens que l'aptitude
à l'engraissement est un excès, un défaut au point de
vue naturel, et un défaut qui devrait, à l'état sauvage,
ou se modifier ou entraîner l'extinction de la race. Mais
il ne s'agit pas plus de supposer des races de boucherie maintenues sans soins que de supposer des
espèces de blé croissant sans culture.

Le problème n'est pas que le travail et la peine de
l'homme soient supprimés ou même amoindris, mais
qu'ils soient mieux récompensés. Or, la supériorité des
races pures, la *rusticité*, est seulement une simplifica-
tion de la peine de l'homme. Le croisement avec une
race plus facile à l'engraissement exige plus de soins,

mais produit plus de quantité, donc rémunère mieux le travail.

Pour montrer les avantages de la sélection et les inconvénients des croisements dans les races de boucherie, il faudrait établir par des statistiques que la stérilité relative et la mortalité plus grande des races perfectionnées compensent, quant à la quantité de viande produite, leur aptitude à l'engraissement. *Or, sur ce point, la conclusion empirique, provisoire, est chez nous en faveur des races croisées.* Cependant nous reconnaissons que le problème n'est pas résolu scientifiquement, et voici, selon nous, comment il le faudrait poser :

Toute race qui, par voie de sélection, de régime ou de modification quelconque de son milieu, sera arrivée à égaler la précocité et l'abondance de viande de la race durham, n'aura-t-elle pas pris, comme celle-ci, un tempérament plus délicat et des tendances plus fréquentes à la stérilité? En d'autres termes, la stérilité et la délicatesse relatives sont-elles un attribut de la race durham, ou bien l'effet du croisement des races, ou bien encore *la conséquence du tempérament de tout individu apte à l'engraissement?*

Il faudrait donc comparer des observations, des chiffres pris en Angleterre, dans l'espèce bovine sur la race durham pure, dans l'espèce ovine sur les races de Dishley ou costwold, dans l'espèce porcine sur la race yorkshire, et en France sur les races croisées et sur les races françaises pures, dans des conditions extérieures égales. Nous ne saurions trop recommander aux éleveurs de faciliter les progrès de la science par de bonnes observations. Leurs établissements sont les véritables laboratoires des hommes qui cherchent, par la voie de la science, la solution du problème à laquelle doivent travailler d'un commun accord la théorie et la pratique.

En attendant une démonstration rigoureuse qu'il n'est pas possible de faire encore, nous disons, après l'avoir antérieurement prouvé, que le *croisement* rémunère mieux l'agriculteur ; nous croyons que la substitution des durhams, des dishleys et des yorkshires, par voie de croisement, est préférable à la *lente sélection* dans nos races inférieures, parce que ce moyen est plus prompt, plus économique et plus sûr. Nous ajoutons que le temps de la sélection ne sera venu en France que lorsque les races perfectionnées y auront pris la prépondérance qu'elles ont au delà de la Manche.

Nous pensons d'ailleurs avec M. Joigneaux, avec lequel nous serions si heureux de nous rencontrer toujours, qu'un bon régime alimentaire est aussi nécessaire qu'un bon choix de sélection ou de croisement; mais nous reconnaissons que l'amélioration de la terre et celle du bétail doivent toujours être conduites ensemble, sous peine d'échec. En somme, nous concluons que le procédé de sélection présente un sujet d'études intéressant, mais qui n'est point du domaine

de l'industrie agricole. Nous persistons donc à conseiller aux hommes pratiques d'adopter un système
qui leur assure un large bénéfice dans le présent, tout
en leur préparant, par une plus grande masse d'engrais,
un sol plus riche dans l'avenir.

III

CONCOURS INTERNATIONAL DE POISSY

L'agriculture anglaise seule avait accepté, en 1862, la lutte à laquelle la France avait convié l'Europe entière ; seule elle est descendue dans l'arène où le triomphe l'attendait. La distribution des récompenses a été précédée d'un très-bon discours de M. le ministre de l'agriculture, du commerce et des travaux publics. Les idées émises par M. Rouher sont trop conformes aux nôtres pour que nous n'y applaudissions pas.

En ce qui regarde les innovations introduites dans le programme des concours d'animaux gras, nous devons signaler deux améliorations capitales qui témoignent des idées libérales du ministre.

« La première classe, a dit M. Rouher, qui était divisée en deux catégories, l'une d'animaux ne dépassant pas l'âge de trois ans, et l'autre de bœufs ayant moins de quatre ans, ne comprendra désormais que des sujets ayant au plus trente-six mois. Le grand nombre de concurrents de cet âge qui se sont présentés au concours de 1861 nous est un sûr garant que cette mesure ne devance pas les progrès réalisés.

« Les prix les plus considérables restent, d'ailleurs, affectés à ces produits exceptionnels qui permettent à l'éleveur un renouvellement plus rapide et plus fructueux de son capital, et qui donnent à la consommation une denrée alimentaire plus abondante et non moins salubre.

» La division des animaux par circonscriptions régionales a dû céder de nouveau la place aux classifications par grandes races. Les lignes topographiques ont été confondues et brisées par cet enseignement mutuel que donnent les concours ouverts sur tout le territoire. Les races ne sont plus restées dans leurs champs habituels d'élevage, elles en ont franchi les limites. L'agriculteur, soit qu'il voulût conserver les types primitifs et originaux, soit qu'il cherchât de nouveaux succès dans d'ingénieux croisements, a réuni dans les mêmes pâturages des races variées,

souvent dissemblables. La circonscription territoriale devenait donc un non-sens et a dû être abandonnée.
donnée.

» Les études zootechniques ont depuis longtemps
établi l'inanité du préjugé qui considère la viande de
vache comme de beaucoup inférieure à celle du bœuf.
Elles ont prouvé que cette chair, aussi substantielle,
était souvent plus fine et plus délicate. Cette opinion
est généralement répandue dans les provinces du
Nord.

L'exclusion des femelles de l'espèce bovine du
concours de Poissy était donc un préjudice gratuitement causé aux intérêts de la production. Un programme plus libéral a dû être adopté. »

L'exposition anglaise au concours de Poissy n'a pas
répondu à notre attente ; elle a été inférieure à celle
de Smithfield en 1860. Il était difficile qu'il en fût autrement, plus d'un engraisseur hésitant à courir les
risques d'un long voyage qui entraîne pour ses animaux de nombreux transbordements. Ceux qui n'ont
pas, comme nous, assisté aux différents concours
d'outre-Manche, nous trouveront peut-être un peu
sévère ; mais nous avons trop de fois donné libre cours
à notre admiration à l'occasion des produits anglais,
pour qu'on nous accuse de partialité.

Voici, en quelques mots, quelles ont été nos impressions.

L'exposition bovine laissait peu à désirer ; cependant,

parmi les durhams nous n'avons pas vu un bœuf qui puisse être comparé à celui que M. Baker exposait à Smithfield en 1860. Cet animal, âgé de trois ans et huit mois, pesait plus de 1,000 kil. S'il réunissait toutes les qualités d'un animal de boucherie arrivé à sa perfection, il dénotait aussi les qualités de la souche célèbre d'où il était sorti. Le bœuf durham exposé à Poissy par M. Holland, et âgé de trois ans, ne pesait que 830 kilog. Sa poitrine était couverte et bien descendue, mais ses épaules étaient trop resserrées; aussi cet animal très-médiocre n'a-t-il obtenu qu'un second prix, le premier n'ayant pas été décerné.

Des vaches durhams, au contraire, proclamaient bien haut les qualités de cette race admirable. Parmi les génisses de trois ans au plus, ce sont celles de MM. Th. Ball, éleveur irlandais, et Robert Tennant, du Yorkshire, qui ont obtenu les premier et deuxième prix; la génisse de M. Tennant pesait 800 kilog. Les vaches au-dessus de trois ans étaient plus remarquables encore. Celles de lady Emily Pigot, du Cambridgeshire, et celles de M. Jonas Webb, l'illustre éleveur de Babraham, qu'une mort inattendue vient de ravir à de nouveaux triomphes, offraient le type le plus parfait de la race des courtes-cornes, et atteignaient un degré d'engraissement fabuleux. Le n° 10, appartenant à lady Pigot, est la propre sœur de *Grand-Duke*, magnifique taureau appartenant à M. de la Valette, l'éleveur distingué de la Mayenne. A l'exemple de leur reine, les femmes des plus grandes maisons d'Angleterre ne dédaignent pas de s'occuper activement des choses de l'agriculture et tiennent à honneur de tracer leur sillon dans les champs qui leur sont ouverts. Une coupe d'honneur a été décernée à lady Pigot.

La jolie race devon, qui tient le milieu entre la race d'Ayre et celle de Durham, n'offrait point, parmi les bœufs, de spécimens hors ligne; celui de M. Heat, du Norfolk, premier prix au dernier concours de Smith-field, se faisait seul remarquer par des qualités qui distinguent la race : la finesse des tissus, l'élégance des formes et la ténuité des muscles. Mais rien de plus gracieux que les trois vaches de MM. Pope, Humbro et Smith, avec leur peau d'un beau rouge acajou, aussi fine que celle d'un gant de chevreau, leurs cornes minces et effilées, cette tête si petite, ce front large, et ces yeux capables de désarmer le bras du boucher.

La race hereford, qui donne à peu près le même poids que la précédente, était admirablement représentée. Jamais peut-être cette race ne nous avait paru aussi parfaite. Le bœuf de M. William Heath, du Nor-folk, était d'un engraissement parfait; il a obtenu à Poissy comme à Smithfield le premier prix de sa caté-gorie. A peine âgé de trois ans, il pesait 840 kilog. La belle vache de M. Turner, de l'Herefordshire, âgée de quatre ans, pesait 790 kilog. La plus extraordi-naire peut-être, au point de vue du développement, était celle de M. Th. Murris, pesant, à cinq ans, 930 kil.

Le royaume uni possède plusieurs races sans cornes, la plus célèbre est la race écossaise d'Angus. Elle a été, dans ces dernières années, améliorée par elle-même, et le concours de Poissy nous offrait plusieurs sujets tout à fait hors ligne. La viande des bœufs noirs d'Angus est à cette heure une des plus recherchées en Angleterre et prend rang, pour la saveur, immédiatement après celle de nos bœufs bretons. C'est un angus à M. Mac-Combie, de l'Aberdeenshire, qui a obtenu le prix d'honneur. Cet animal, âgé de cinq ans, est en effet un des animaux les plus extraordinaires que nous ayons jamais rencontrés; son poids était de 1,250 kilog.; la longueur de son corps dépassait celle de tous ses rivaux, et sa poitrine était d'une largeur qui tenait du phénomène. Le seul reproche qu'on pût lui adresser était d'avoir un ventre trop volumineux. Les vaches du même éleveur, une surtout, étaient peut-être encore plus remarquables.

La race écossaise westhighland se faisait remarquer par de longues cornes et un poil long et frisé; malgré cet aspect un peu sauvage, les éleveurs ont fait du bœuf westhighland le type idéal de l'animal de boucherie. Celui de M. Wallis offrait un cube parfait reposant sur quatre jambes imperceptibles, tant elles étaient courtes et minces.

Nous ne dirons rien des races irlandaises, qui ressemblent trop à nos plus mauvaises races françaises.

Quant à celle de Kerry, elle est assez gentille et a beaucoup d'analogie avec notre race bretonne, sans en avoir les qualités laitière et beurrière. Dans la catégorie des croisements, d'ailleurs peu nombreuse, le seul animal qui mérite d'être cité est la vache durham-aberdeen de M. James Stephen, éleveur écossais.

Comme on le voit, l'espèce bovine offrait des spécimens remarquables, et il est pénible d'avouer que, si l'on excepte quelques sujets, les meilleurs de nos bœufs de races françaises ne valaient pas les plus médiocres amenés à Poissy par nos voisins.

L'exposition ovine n'était pas très-considérable, et, au point de vue de la qualité, elle était inférieure à celle de Smithfield en 1861. Cependant, rien de plus beau que les costwolds de M. Th. West, de l'Oxfordshire, qui a obtenu le prix d'honneur. Ce lot, composé de cinq moutons âgés d'un an, pesait 532 kilog., poids énorme pour les animaux aussi jeunes. Les cotswolds appartiennent aux races à longue laine et conviennent aux pays humides et aux gras pâturages. C'est donc dans le Nord et dans l'Ouest de la France qu'ils rendront les meilleurs services.

Dans la race southdown, deux lots remarquables étaient exposés : l'un par lord Walshingham, alors le digne émule de Jonas Webb, aujourd'hui son heureux successeur, et l'autre par sir Th. Barret-Lennard. C'est à ce dernier qu'est échu le premier prix. Il était fort difficile de juger ces deux lots, celui de sir Barret-Lennard ayant été tondu au mois de janvier, tandis que celui de lord Walshingham venait de subir l'opération de la tonte. Dans un concours d'animaux gras, il ne peut être question d'apprécier la finesse du lainage, qui, à en juger par la mèche qu'on est dans l'habitude de conserver intacte, était supérieure chez les moutons du deuxième prix. Mais il nous sera permis de parler de l'engraissement et de la régularité des formes, qui n'étaient point dissimulées par la toison. Eh bien, ces deux conditions étaient parfaitement remplies par les moutons de la ferme de Merton-Hall. De plus, ces animaux, âgés d'un an seulement, pesaient ensemble 327 kilog., tandis que ceux de sir Thomas Barret-Lennard, âgés de vingt-sept mois, ne pesaient que 440 kilog.

En arrivant près de l'exhibition ovine, nos yeux avaient été frappés de suite par les jolies têtes des moutons du président de la Société royale d'agriculture, et nous avions aussi reconnu la main habile de M. Woods, agent du noble lord, qui, dans les concours, s'est acquis un nom parmi les éleveurs les plus distingués et parmi les engraisseurs les plus experts.

Une race des dunes, très-améliorée dans ces derniers temps, est celle des shropshires. Comme ampleur, ces derniers atteignent presque les costwolds; ceux de M. Holland ont obtenu à Smithfield et à Poissy le premier prix, et ont causé l'admiration générale.

Les moutons à longue laine lustrée du comté de Kent ou de Rommey-Marsh étaient mal représentés; les meilleurs, ceux de M. Chester-Daws, n'offraient qu'une conformation défectueuse.

Que dirons-nous de l'exposition porcine, si ce n'est qu'elle est en tous points inférieure à celles que nous avons vues en Angleterre et qu'elle est même fort au-dessous de l'exposition française? Il est hors de doute que si les porcs de race anglaise nés en France, voire même nos normands, eussent concouru avec les porcs anglais, les premiers n'eussent été vainqueurs. La graisse des seconds était molle, et aucun parmi eux n'atteignait cet engraissement parfait des porcs de M. de la Vallette, l'heureux lauréat de la coupe d'honneur.

II

Jetons maintenant un coup d'œil sur les produits français, en commençant par l'espèce bovine, abondamment représentée. Ce ne sont pas toujours les armées les plus nombreuses qui remportent la dernière victoire ; la France en a donné quelquefois la preuve. La valeur et la science des combattants pèsent plus dans la balance que les gros bataillons mal équipés ou novices dans l'art de la guerre. Nous dirons donc, à l'occasion de cette lutte pacifique, que, le caractère de notre pays étant essentiellement agricole, il n'est pas surprenant qu'un grand nombre d'agriculteurs aient exposé un nombre plus grand encore d'animaux de toutes sortes Mais à quoi bon la quantité, si la qualité laisse désirer ?

La race normande marchait en tête du programme; mais quelle triste avant-garde ! Comment, c'est des riches pâturages du Calvados et de la Manche, célèbres dans toute l'Europe, que sortent ces colosses osseux, véritables mastodontes d'un autre âge ? Comment c'est de cette Normandie chantée par les poëtes de la nature, de cette terre féconde, baignée par une mer bienfaisante et vivifiée par un ciel brumeux favorable au bétail, que nous sont venus ces monstres dont les difformités s'imposaient aux regards ? En considérant les résultats de telles abberrations, de préjugés si rétrogrades, comment ne pas se ranger avec ceux qui, renversant les barrières de peuple à peuple, nous ont permis de juger des progrès d'une nation intelligente ?

Nous avons vu avec peine le jury décerner des récompenses à des éleveurs qui, vu le pays dans lequel ils opèrent, devaient marcher à la tête des hommes de progrès, et qui n'ont mérité que d'être mis au ban de l'opinion éclairée.

Mais reposons plus agréablement notre vue sur les blancs charollais, qui, avec quelques soins encore, pourront bientôt rivaliser avec les types admirables de nos voisins. Cependant, il faut le dire, les engraisseurs de 1862 ont fait regretter les éleveurs de 1860. Nous n'avons pas vu dans cette catégorie des animaux tels que ceux qui faisaient, au palais de l'Industrie, l'admiration de tous. Une seule vache appartenant à ·M. Benoist d'Azy, d'un engraissement parfait, rappelait celles auxquelles nous faisons allusion.

Toutefois, il faut en convenir, la tête de cette vache, les yeux surtout, annonçaient que le sang durham coulait dans ses veines. Le jury l'a pensé ainsi; aussi lisons-nous dans le catalogue que le premier prix qui lui a été accordé ne sera délivré à son propriétaire qu'à la condition de prouver la pureté de la race. Mais comment s'en assurer, lorsque tout le monde sait qu'un grand nombre d'éleveurs du Charollais ont recours au croisement avec les *courtes-cornes*? Bien que ces animaux, originaires de Saône-et-Loire, soient inférieurs à ceux de l'année dernière, on peut encore citer ceux de MM. Bernard et Lequime, Bellard (de la Nièvre) et Benoist d'Azy (du Cher).

Nous arrivons maintenant aux bœufs gris de Cholet, les paisibles et robustes laboureurs du Bocage, très-prisés aussi de la boucherie parisienne.

Citons ceux de MM. Poiron, Vinet et Chiron, qui

ont obtenu les premier, deuxième et troisième prix ; ces animaux, âgés de cinq ans, pesaient 850, 930 et 875 kil.

Nous mentionnerons tout particulièrement le bœuf de M. Vinet, le plus jeune des trois, et dont le poids était naturellement un peu moins considérable, mais dont la construction était parfaite.

La race méridionale de Salers n'offrait aucun sujet digne d'attention. Ces bœufs rouge brun sont peut-être les plus grands que nous ayons. La vache manque complétement de lait.

Les grands bœufs du Limousin nous séduisent peu ; les éleveurs de cette race n'ont pas fait un pas dans la voie du progrès. Soit qu'ils tentent l'amélioration par la sélection dans la race elle-même ou par le croisement, leur intérêt les pousse de plus en plus vers une régénération de leur race. En effet, les bœufs limousins, sitôt qu'on les a débarrassés du joug, vont s'engraisser dans les distilleries du Nord, et nous avons été à même de juger qu'ils y étaient battus par les charollais comme facilité à l'engraissement.

Les races garonnaises et bazadaises étaient moins bien représentées que de coutume. La première, cependant, présentait quelques beaux animaux de ce blond froment qui caractérise la race. Elle aussi réclame une amélioration, bien qu'à moindre degré que la précédente. Un garonnais, âgé de cinq ans, mesurait certainement six pieds en hauteur et ne pesait que

950 kilog., dans lesquels les os figuraient pour une large part. Ce poids était justement celui de la vache durham de M. Jonas Webb; d'un durham de M. Th. Crisp, âgé de trois ans et demi, et d'un angus, de M. Mac-Combie, à peine âgé de trois ans!

De tels faits parlent plus haut que tous les raisonnements.

Les petites races de Bretagne et d'Algérie comptaient quelques très-bons spécimens. On sait que la viande des bœufs bretons est d'une saveur toute particulière; aussi a-t-elle le privilége de ne paraître guère que sur la table des lords d'Angleterre. Les bœufs du Morbihan et du Finistère sont dirigés sur Brest après leur engraissement, et de là expédiés sur Londres. Les bœufs algériens, d'un pelage gris, leur ressemblent un peu: ceux de Poissy étaient présentés par MM. Foacier et Sanson. Ces deux agriculteurs possèdent dans notre colonie une immense propriété, sur laquelle ils ont introduit les pratiques les plus propres à l'amélioration du sol et des races. Un bœuf engraissé par eux a obtenu un deuxième prix.

Si on considère que la race durham est d'une importation encore assez récente, et que, par conséquent, ses produits ne sont pas encore très-répandus, on peut dire qu'elle était très-bien représentée à Poissy. Le bœuf premier prix de M. Boutton-Lévêque, et celui de M. Daubin, de la Haute-Vienne, étaient deux animaux excellents. Nous ne savons pas si le jury a été très-

partagé dans ses appréciations, mais le public était
assez divisé dans ses jugements sur les mérites des
deux concurrents; quant à nous, nous n'avons pas
varié, avant comme après la distribution des récompenses. Au point de vue de la race, question secondaire
dans un concours de boucherie, mais qui cependant
a aussi son importance, on nous l'accordera, le bœuf
de M. Boutton-Lévêque était bien supérieur. Sa tête
fine, ses cornes courtes et minces, sa peau souple,
son poil frisé, ses membres fins, indiquaient la noblesse
de sa famille. L'animal de M. Daubin, au contraire,
avait la peau dure et son poil était ras comme celui de
certains porcs. Au point de vue de la construction, nous
dirons que le premier avait plus de longueur dans les
quartiers postérieurs, et que son rein était plus droit.
Le second avait la ligne du dos fort déprimée, mais
brillait par l'ampleur de sa poitrine ; ses épaules étaient
peut-être aussi mieux dirigées. Le premier était âgé
de quarante mois et pesait 930 kilog., le second avait
trois mois de plus et pesait 1,020 kilog. Nous disons
hautement que c'est avec une très-grande joie que
nous avons célébré la victoire de M. Boutton-Lévêque,
auquel on a décerné la coupe d'honneur. L'éleveur
angevin est un des premiers qui ait introduit la race
durham dans son pays, pour lequel il a déjà beaucoup
fait. En effet, avant d'être un producteur de bestiaux,
M. Boutton s'était fait connaître sur le turf, où plusieurs
de ses chevaux ont illustré son écurie.

Dans les croisements, il y avait aussi nombre de bons animaux ; citons en première ligne le durham-manceau de M. de Falloux, qui a obtenu le premier prix. Cet animal était trop haut monté, un peu sanglé derrière les épaules, mais très-bien engraissé. L'ancien ministre de la République s'occupe depuis longtemps de l'amélioration de la race mancelle, et les croisements avec les *short-hornes* sont excellents, ils ont pour la plupart sept huitièmes de sang. Puis viennent ceux de MM. de Torcy, Chambaudet, Tiersonnier, Salvat et d'Andigné de Mayneuf.

Une heureuse innovation est l'admission des vaches au concours de Poissy. Espérons qu'elle aura pour résultat d'engager les cultivateurs à engraisser leurs vaches lorsqu'elles ne donnent plus de lait. La viande fournie par la femelle est d'aussi bonne qualité que celle du bœuf; celle de la génisse est même plus délicate. Ce qui a donné de la force à ce préjugé que la viande de vache manquait de saveur, c'est que sa fabrication a toujours été négligée. Lorsqu'on a tiré de ces malheureuses bêtes jusqu'à la dernière goutte de lait, et que l'âge les a rendues stériles, maigres et décharnées, on les livre au boucher.

Parmi les vaches de races françaises, on ne peut guère citer que la flamande de M. Van de Wallen, et la charollaise de MM. Bernard et Lequime. Quant à la normande de M. du Frétay, elle avait bien probablement du sang durham, mais sa chair est molle. La vache limousine de

M. Claudin, quoique médiocre, a cependant obtenu un premier prix.

Dans les *courtes-cornes*, pures ou croisées, nous mentionnerons une jolie durham, à M. Morinière, et une autre à M. Sabatier, à la peau un peu dure et à l'aspect d'une charollaise. La vache durham-normande de madame Grégoire (de l'Orne) est un excellent produit; si elle laissait à désirer dans les épaules, elle avait le dos large et l'arrière-train magnifique. Que les éleveurs normands suivent l'exemple que leur donne madame Grégoire et nous serons heureux de leur donner une part des éloges que nous décernons aujourd'hui à leur compatriote.

Dans les bandes de bœufs, nous avons pourtant remarqué les charmants durhams-bretons de M. Cesbron-Lavau, l'habile agriculteur vendéen; les durhams-normands de M. Benoist (de l'Orne) et les charollais de MM. Bernard et Lequime.

Dirigeons-nous maintenant vers l'exposition ovine. Ce n'est pas sans quelque fierté que nous parlerons des animaux de MM. de Bouillé et Lalouel de Sourdeval. Le premier de ces deux agriculteurs s'est acquis une célébrité dans l'élevage des southdowns. Ses efforts lui ont mérité, depuis plusieurs années, la coupe d'honneur.

Cette année, ses moutons étaient bien engraissés; mais, avec un éleveur de cette trempe, on est en droit de se montrer exigeant. Nous lui dirons donc qu'il doit maintenant viser plus au développement qu'à la finesse des formes. Une des causes qui ont le plus retardé en France l'adoption des races anglaises comme types améliorateurs, ce sont les doctrines de l'école qui n'a cessé de prêcher la finesse et l'exiguïté, qualités maintenues à ce degré au détriment de l'ampleur.

M. de Sourdeval, au contraire, est arrivé par un croisement de la race berrichonne avec un bélier costwold à un développement énorme, mais la tête de ses moutons est restée un peu busquée. M. de Sourdeval est en même temps un éleveur intelligent et un engraisseur expert.

M. Malingié n'est pas en progrès; certes, son lot est loin d'être mauvais, mais le fils doit songer à améliorer sans cesse l'héritage de son père, un des bienfaiteurs de son époque.

N'oublions pas les southdowns de M. Pourtalès, les dishleys-mérinos de M. Faugeron et les dishleys-artésiens de M. Crespel-Pinta.

Là où la France brillait d'un vif éclat, c'est dans les travées réservées à l'espèce porcine. Nous devons des éloges à tous, à ceux qui ont amélioré les races par elles-mêmes, comme à ceux qui ont eu recours aux croisements.

Les augerons ont atteint des poids presque invraisemblables; le porc de M. Delahaye était un prodige de pesanteur et de graisse. Nous en dirons autant de ceux de MM. Maucuit et Gaudelou.

En ce qui concerne les races étrangères, les éleveurs français ont pour ainsi dire dépassé la limite du possible, en battant les Anglais sans conteste. A tout seigneur, tout honneur! Adressons d'abord nos félicitations à M. de la Valette, qui remportait de nouveau la coupe; mais aussi quel envoi! Jamais, depuis la création du concours de Poissy, on n'avait vu un même exposant amener un lot de trente animaux qui attestaient que leur propriétaire devait être considéré comme l'engraisseur le plus consommé qui ait paru sur nos concours.

Nous avons étudié les *maniements* des différents animaux de l'exposition porcine : chez aucun, nous n'avons rencontré cette fermeté dans les chairs qui caractérisait ceux de M. de la Valette, comme le disait, en parlant d'eux, le compte rendu de la *Gazette de France* :

« Leur phénoménal embonpoint s'accordait avec une bonne conformation et un œil de santé, indice d'une chair savoureuse et délicate. »

Le Constitutionnel disait que le porc de M. de la Valette, déclaré comme yorkshire, « n'était certainement pas pur, et qu'il y avait beaucoup de leicester dedans. » Le rédacteur de cette feuille ne se doutait pas alors, comme il l'a reconnu depuis, que les yorkshires de la petite race ne sont autre chose que des newleicesters.

Les porcs de MM. de Fitz-James, Pavie, du Pontavice

et Poisson étaient de rudes concurrents pour celui qui a remporté la palme ; mais

> A vaincre sans péril, on triomphe sans gloire!

Avant de terminer ce chapitre, nous dirons : Gloire aux vaillants pionniers de l'agriculture française qui, sans se laisser rebuter par la malveillance toujours prête à accueillir les novateurs, ont soutenu cette fois encore l'honneur national et montré ce que peut la France lorsqu'elle marche résolûment dans la voie du progrès.

IV

CONCOURS RÉGIONAL DE LAVAL

———

Si l'institution des concours régionaux a porté d'heureux fruits en stimulant l'émulation des agriculteurs, si la lumière s'est faite rapidement dans les parties les plus reculées du pays à la suite de ces expositions où chacun vient apporter les résultats de ses travaux annuels; ceux qui sont chargés d'étudier les méthodes nouvelles, d'enregistrer les progrès accomplis, ont aussi vu par là leur besogne bien simplifiée. En parcourant les travées réservées aux animaux dans un concours, le touriste peut en quelques heures se faire une juste idée de la situation agricole de toute une contrée. La France est, comme on le sait, divisée en douze régions ; chacune d'elles renferme un certain nombre de départements groupés par zones géographiques. Ces différentes exhibitions ayant lieu presque simultanément, il n'est guère possible d'en visiter chaque année plus de deux ou trois. Quant à nous, nous avons choisi cette fois pour but de nos excursions deux centres importants quant à la production agricole : Laval et Angers. Parlons d'abord du concours qui s'est tenu à la fin de mai dans la première de ces deux villes.

Les départements figurant à Laval étaient ceux de la Mayenne, de la Manche, de l'Orne, du Calvados, de la Seine-Inférieure, de l'Eure et d'Eure-et-Loir.

C'est avec orgueil que la Mayenne s'est montrée aux nombreux visiteurs accourus de tous les points pour admirer et jouir de la beauté de son ciel, de la douceur de son climat, de la diversité de ses sites, de ses coteaux où mûrissent les récoltes les plus riches et les plus variées, presque à l'ombre des chênes ou des hêtres centenaires, et de ces milliers de pommiers qui ne sont d'abord que la parure des champs, mais qui fournissent ensuite au paysan une boisson bienfaisante. Ne croirait-on pas, en voyant cette contrée qu'arrose la Mayenne, traverser un immense parc où la main de l'homme, secondant une nature prodigue, aurait jeté sous les pas des promeneurs tous les enchantements. C'est surtout dans les premiers jours du printemps qu'éclosent

comme à l'envi ces mille fleurs qui font des haies du
Maine et de l'Anjou des massifs toujours verts, d'où
s'exhalent les parfums de l'églantier, de la clématite, du
chèvrefeuille, du genêt, de la digitale et de la prime-
vère. Heureuse terre qui recèle dans son sein généreux
ses eaux minérales, ses mines d'anthracite, ses por-
phyres si renommés pour leur dureté qu'on les a sub-
stitués à la pierre meulière sur les voies les plus fré-
quentées de la capitale, ses ardoisières, ses filons de
calcaire qui ont donné naissance à 195 fours à chaux
occupant plus de 4,000 ouvriers, fabriquant annuelle·
ment plus de trois millions d'hectolitres de ce précieux
amendement ! Que dire maintenant des végétaux de
toutes sortes qui croissent sur le sol de la Mayenne, de
ses vignes, de ses fruits, dont la renommée est européenne, de ses lins, de ses plantes fourragères, de ses
grains qui couvrent une étendue d'environ 200,000 hectares, donnant en moyenne près de 4 millions d'hectolitres ? Dans quel département voit-on un élevage
aussi varié et aussi important ? La population chevaline
est évaluée à 94,000 individus, l'espèce bovine à
255,000, l'espèce ovine à 66,000, et l'espèce porcine
à 80,000. 72 marchés et 240 foires viennent offrir un
débouché où les commerçants de toutes les provinces
se donnent rendez-vous, certains d'y trouver des chevaux d'armes, de poste et de labour infatigables,
et des animaux de boucherie d'un engraissement
facile.

L'exposition bovine comprenait 210 animaux, dont à peu près 100 appartenaient à la race durham pure, et 50 aux croisements durhams.

Ces chiffres disent bien haut la faveur dont jouit cette race parmi les éleveurs de la région, et prouvent combien nous avons raison d'en demander la vulgarisation partout où la culture est assez avancée pour la recevoir. Mais parcourons rapidement cette exhibition, dont les produits du département faisaient le principal ornement. Quel admirable ensemble ! Il faut vraiment aller en Angleterre pour trouver des modèles que les éleveurs de la Mayenne n'aient pas encore atteints.

Nous ne nous étendrons pas sur la race cotentine ; nous avons dit, à l'occasion du concours de Poissy, ce que nous en pensions, et nous n'y reviendrons pas. On le sait, nous ne sommes pas pour la spécialisation des races ; nous n'admettons pas que les unes doivent être entretenues en vue du travail, les autres en vue de leurs produits laitiers. Non, pour ces races il n'y a qu'un but vers lequel l'éleveur doit les diriger toutes : c'est l'abattoir, et ce but, il faut l'atteindre le plus tôt possible. En dehors de là, il n'y a que tâtonnements et pertes pour le cultivateur comme pour le sol. La race normande est de toutes la plus réfractaire aux améliorations trouvées par l'agriculture moderne. Le Normand qui, fermant les yeux à la lumière, tient encore pour sa vieille race tardive et coûteuse, celui-là est un

ennemi que nous ne cesserons de combattre partout et
toujours !

La Bretagne ne concourant point à Laval, on n'y
voyait qu'un seul taureau de la race blanche et noire
de ce pays. Un prix a été décerné à ce joli animal,
appartenant à M. de Chavagnac, à Saint - Sulpice
(Mayenne).

Le très-petit nombre d'animaux de la race mancelle,
au centre même du pays qui fut son berceau, est le plus
grand éloge qu'on puisse adresser aux éleveurs du
département. Nous sommes heureux de leur rendre
ici l'hommage dû à leur intelligence ; ils sont les premiers qui, en France, aient conçu l'idée d'améliorer le
bétail par le croisement avec une race mieux douée que
la leur sous le rapport de la précocité. Ils ont complétement réussi dans la tâche qu'ils s'étaient imposée,
et c'est à peine si l'on pourrait trouver un paysan se
refusant à introduire dans son étable le sang des *courtes-
cornes*.

Nous nous arrêterons un peu plus longtemps sur la
catégorie réservée aux durhams. Puisque c'est là que
les éleveurs doivent aller chercher leurs reproducteurs,
il importe de discuter leurs mérites. Parmi les jeunes
taureaux, c'est un fils de *Vaille-que-vaille*, à M. de la
Poterie, d'Athée (Mayenne), qui nous a le plus frappé :
il a une arrière-main remarquable, qualité rare dans
un taureau, une peau très-fine, et ne pèche un peu que
dans son dos. Puis vient un fils du ***Petit-Duc d'Oxford***

appartenant à M. de la Valette, à Villiers-Charlemagn (Mayenne), qui se recommande par un sang de premier ordre. Il présente une ampleur de poitrine extraordinaire ; mais, comme tous les animaux de la famille des *booth*, il est un peu serré derrière les épaules. Quoique ces deux taureaux n'aient obtenu que les troisième et cinquième prix, nous n'hésitons pas à les proclamer supérieurs à leurs rivaux. Il ne faut pas que les éleveurs d'animaux de pur sang oublient que c'est surtout aux souches célèbres qu'ils doivent avoir recours. La famille des *booth* est de toutes la plus laitière, et c'est une considération importante ; le taureau blanc de M. de la Valette, est donc, pour nous, celui qui a le plus de valeur. Le premier prix, appartenant à M. de Saint-Pierre, à Silly (Orne), est médiocre. Le deuxième prix, à M. Lacouture, à Nonent (Orne), est un bel animal, mais il a le flanc aussi large que le cinquième prix. Quant au quatrième prix, à M. Sainte-Marie, au Bignon (Mayenne), il est tout simplement mauvais.

Dans les vieux taureaux, un seul nous paraît devoir être recommandé ; il appartient à M. de Saint-Pierre, et n'a obtenu qu'une mention honorable, quoiqu'il fût, à notre avis, le taureau le plus complet du concours. Il présente un cube parfait ; il est très-près de terre, et la seule chose qu'on puisse lui reprocher, c'est d'avoir la hanche un peu courte. Le premier prix, appartenant à M. de Sainte-Marie, a cependant de bonnes choses, les côtes bien faites et la hanche longue ; c'est un élève de la vacherie du Pin. Quant au reste, il n'en faut pas parler.

Deux génisses, parmi les plus jeunes, ont plus particulièrement attiré notre attention; c'est d'abord le premier prix, appartenant à M. de la Valette, une fille de *Grand-Duke* par *Usurer*, le plus beau taureau qu'on ait ramené d'Angleterre. Cette bête est peut-être un peu petite, mais elle est parfaite de formes et accuse dans tout son individu le sang célèbre qui coule dans ses veines. Le deuxième prix, à M. Gernigon, à Saint-For (Mayenne), brille aussi par beaucoup de distinction et par un pelage frisé très-estimé au delà de la Manche. Cette génisse a, pour son âge, beaucoup de développement. En somme, ces deux animaux sont les plus remarquables du concours, et ne seraient pas déplacés dans une exposition anglaise. Le quatrième prix, à M. d'Etchegoyen, à Saint-Denis de Gastine (Mayenne), a aussi des qualités. Quant au troisième prix, appartenant à M. du Buat, de la Subrardière (Mayenne), nous n'avons pu lui en découvrir.

Dans les génisses de deux à trois ans, le premier prix, à M. de la Tullaye, est une bête de premier ordre. Le deuxième prix, à M. de Saint-Pierre, est très-loin de celle-ci, quoique fort jolie. Le troisième prix, à M. du Buat, est un peu meilleur que celle que cet éleveur exposait dans l'autre catégorie. La génisse de M. Leguay, à Serceaux (Orne), est suitée d'un très-beau veau. Nous mentionnerons encore une sœur de père du jeune taureau, sixième prix, appartenant à M. de la Valette, bête d'un sang excellent et de tout point supérieure à celle de M. de Buat.

La section des vaches était très-bien composée; parmi les plus belles, il faut citer celle de M. Gernigon, remarquable par son développement, qualité essentielle dans un animal de boucherie et que certains jurys sont trop enclins à sacrifier à l'élégance et à la ténuité des formes; cette bête n'a obtenu que le troisième prix; puis une fille de *Grand-Duke*, à M. de la Valette. Le premier prix, appartenant à M. Leguay, avait une tête commune. La vache deuxième prix, à M. d'Etchegoyen, eût été mieux placée au concours de Poissy que parmi des reproducteurs. On peut citer encore la vache de M. Moreul, à Saint-Berthevin (Mayenne), et celle de M. de Saint-Pierre.

Voici maintenant la catégorie des croisements durhams, qui contenait nombre de sujets remarquables, dont plusieurs ne dépareraient pas des étables d'animaux de pur sang. Ici vient se placer tout naturellement une observation que nous soumettons au ministre de l'agriculture, qui, nous le voyons, cherche à améliorer sans cesse les conditions des programmes. Nous disons donc que le moment n'est pas encore venu de primer les taureaux de demi-sang, à cause de ce fait qu'il n'appartient qu'aux races fixes de transmettre leurs qualités. Employer un taureau issu d'un croisement, lors même qu'il rappellerait tout à fait le type amélio-

rateur, serait tout demander au hasard. Il se pourrait
que le produit possédât des qualités qui se trouvaient
accidentellement réunies chez le père, mais le contraire
est aussi probable. Lorsque les éleveurs auront, comme
M. Malingié, par exemple, créé des sous-races devenues
fixes à leur tour, il sera temps de primer ces animaux, qui auront alors leur raison d'être comme reproducteurs.

Parmi les taureaux de cette catégorie, nous n'en signalerons qu'un seul, le premier prix, appartenant à M. de
la Valette. Cet animal, quoique ne figurant pas au
Herd-book, est cependant de pur sang; il peut donc
être avantageusement employé pour faire des croisements. Quant aux vaches, il faudrait pouvoir les nommer toutes; nous ne citerons cependant que celles
de M. Dubois, à Arconcy (Mayenne), toutes les deux
filles d'un taureau à M. de la Valette; celles de MM. Foucault-Marie à Ampigné (Mayenne); la plus remarquable
était celle de M. de Chavagnac. Cet éleveur en avait une
issue d'un croisement durham avec une vache du Holstein qui a obtenu un deuxième prix.

Nous arrivons maintenant à l'espèce ovine, admirablement bien représentée. On peut encore constater
dans cette section les immenses progrès accomplis en
peu d'années dans la région. La Mayenne marche encore
là à la tête du progrès; la Manche se signale aussi.
Nous ne parlerons pas de la race mérinos et de ses
dérivés; c'est une race qui a fait son temps, comme

nous le prouverons tout à l'heure dans un chapitre
spécial. Nous formulons seulement le vœu que la race
mérinos, ruineuse pour l'agriculture, disparaisse de
nos concours. C'était la première fois qu'elle apparais-
sait dans la Mayenne, où les paysans lui firent un
succès de curiosité qui dégénéra bientôt en critique
railleuse.

Voyons en courant les lots de dishleys de MM. Truffer à Angoville (Manche), Carel-Salmon à Craon
(Mayenne), Métairie à Andouillé (Mayenne), Mériel à
Angoville (Manche), de Bodard à Laval, dont quelques-
uns sont presque arrivés à la perfection.

La race southdown était beaucoup moins bien représentée. Ici il nous est impossible de ne pas critiquer
les décisions du jury. La première chose pour juger
un objet quelconque, c'est de le connaître parfaitement. Il nous semblerait naturel qu'on se récusât
comme juge lorsqu'on est peu familiarisé avec une
race, lorsqu'on n'en a vu que quelques échantillons
épars, plus ou moins éloignés du type. Parmi les southdowns, deux lots seulement méritaient vraiment l'attention; ils appartiennent tous les deux au même propriétaire, M. le comte de Montgomery, à Fervacques
(Calvados). Seuls, ces béliers et ces brebis rappelaient
cette admirable et ravissante race des dunes, améliorée
par Ellman. Ces jeunes animaux sont, en effet, issus
d'un bélier venant de la bergerie célèbre de Babraham,
dont les derniers vestiges seront sous peu de jours dis-

persés, et de brebis ayant obtenu un premier prix, il y
a deux ans, à Canterbury ; eh bien, les béliers n'ont
obtenu qu'un troisième prix et les femelles qu'un
deuxième ! Nous ne regrettons certainement pas que le
jury ait primé à titre d'encouragement les moutons de
MM. de Coulonge, Germigon, de la Tullaye, de Vaufleury
et de la Valette ; mais nous disons qu'on ne peut établir
aucune comparaison entre ceux de ces éleveurs et
ceux de M. de Montgomery.

Il y avait aussi à Laval quelques lots de croisements
obtenus avec des béliers dishley ou southsdowns, qui
témoignaient ce qu'on est en droit d'attendre de ce
procédé. Citons encore là les noms de MM. Truffer,
Perlemoine, Thourode, de la Valette et de Chavagnac.

L'exposition porcine était excellente. La race crao-
naise ne brillait pas à côté des yorkshires de MM. Ce-
cire, Leguay, de Verdun, d'Argent, de la Tullaye et de
la Valette. Ce dernier a obtenu le premier prix dans
toutes les catégories de cette section. Le lauréat de la
coupe d'honneur à Poissy, en 1860 et en 1862, nous
devait, en effet, des échantillons de sa porcherie, la
plus belle que nous connaissions soit en France, soit
même en Angleterre.

Quelques médailles avaient été réservées aux exposants d'animaux de basse-cour, entre autres à MM. de
Cheffontaine et de la Tullaye.

L'exposition collective des produits de l'arrondissement de la Mayenne envoyée par la *Société d'Agriculture* a été fort remarquée, aussi le jury lui a-t-il décerné une médaille d'or.

Examen fait de cette exposition, on peut conclure qu'un grand progrès s'est accompli dans l'élevage de la région, qui est dans la meilleure voie. Quatre éleveurs se sont particulièrement distingués, comme on a pu le voir.

Le premier de tous, c'est M. de la Valette, qui a exposé avec le plus grand succès dans chaque section et dans chaque catégorie, ce qui indique une exploitation modèle et complète. Une médaille d'or lui a été décernée pour l'introduction de la charrue Vallerant dans le département de la Mayenne, où elle jouit, à cette heure, d'une grande faveur près de tous ceux qui tiennent à fouiller profondément la terre.

M. de Saint-Pierre mérite d'être cité en seconde ligne, tant sous le rapport de la quantité que de la qualité de ses animaux.

M. de Chavagnac s'est plus spécialement occupé des croisements; tous ceux qu'il nous a montrés étaient parfaitement réussis.

MM. de Montgomery et Mériel n'avaient exposé, le premier que des southdowns, le second que des dishleys, mais leurs moutons sont tout à fait hors ligne.

Nous finirons en disant que la prime d'honneur a été

obtenue par M. du Buat pour son exploitation de la Sublardière.

M. Picoreau, propriétaire-cultivateur à Mongré, près Château-Gontier ; M. Leseyeux, à Bellebranche ; M. Foucault, fermier à Changé, ont reçu de M. le ministre de l'agriculture des médailles d'or pour améliorations partielles et déterminées dans leurs cultures.

V

LA PRIME D'HONNEUR DE LA MAYENN

———

I

Nous l'avons dit, l'institution de la *prime d'honneur*, couronnement heureux des concours régionaux, est l'œuvre du gouvernement impérial. Tout le monde a compris l'importance d'une semblable distinction, qui signale au pays tout entier les agriculteurs dont les exploitations peuvent servir de modèles. M. le ministre de l'agriculture lui-même a développé cette pensée dans un rapport qu'il adressait naguère à l'empereur sur les améliorations culturales réalisées cette année par les lauréats de la *prime d'honneur*. Mais autant cette récompense favorise le progrès et excite l'émula-

9.

tion lorsqu'elle échoit au plus méritant, autant elle prépare d'abstentions futures, fait naître chez tous des regrets motivés et allume la discorde parmi les enfants d'une même famille, lorsque la justice semble lésée. Ajoutons aussi que l'application de cette idée heureuse laisse beaucoup à désirer.

En effet, il est arrivé que certaines fermes n'ont été visitées qu'une seule fois; on nous accordera qu'il est difficile, pour ne pas dire impossible, dans la plupart des cas, de décider en faveur de tel ou tel concurrent.

Il est inutile d'insister sur ce point près de ceux qui ont la plus légère notion de l'agriculture. Nous disons donc que deux inspections, faites à des époques différentes, sont absolument nécessaires, et que le plus souvent un troisième examen arriverait fort à propos. En outre, la composition des jurys est chose fort importante.

Choisir exclusivement des hommes étrangers à la culture, qu'ils ont mission d'étudier et de juger, est chose fort irrationnelle. Si habile que soit un agriculteur, il courra grand risque de se fourvoyer en se plaçant à son point de vue particulier; et c'est ce à quoi on se laisse entraîner bien souvent malgré soi. Telle pratique condamnable dans un pays peut être admise dans une autre région; tel procédé inapplicable sur un sol devient favorable sur un autre. Cette vérité n'a pas besoin de démonstration. Partant, nous demandons qu'il se trouve dans chaque jury un habitant du département où la prime doit être décernée. Tout voyageur, en arrivant sur une terre inconnue, s'enquiert d'un guide, d'un interprète, pour visiter les lieux avec fruit ; eh bien, il en doit être de même dans le cas qui nous occupe. La commission d'enquête a besoin, pour bien apprécier les choses, de renseignements qu'un homme de la localité peut seul donner.

Quand ces réformes indispensables, urgentes, seront réalisées il restera encore, à notre sens, bien des difficultés presque impossibles à aplanir. Comment, par exemple, décider entre celui qui se sera signalé soit par des défrichements, soit par des irrigations, soit par des drainages, et celui qui aura importé une race précieuse, ou même amélioré seulement celle qui l'entourait, et par là doublé la richesse de son sol, voire même de toute une contrée ?

C'est cependant dans cette impasse que sont placés chaque année les jurys. En présence de ces faits, nous pensons qu'il serait à désirer que deux grandes récompenses fussent décernées par département aux deux exploitations les plus méritantes. Ainsi, il nous semblerait juste et équitable que la coupe d'argent qui accompagne le prix allât orner la demeure du riche propriétaire opérant avec de grands capitaux, et que la somme de cinq mille francs, plus une médaille d'or, fût réservée au fermier ou au propriétaire dont toute la ortune consiste dans la ferme concourant pour la prime.

Nous ne prétendons pas indiquer le seul remède à une situation tendue ; mais, convaincu de la nécessité où se trouve le gouvernement d'aviser à une plus ample et plus équitable distribution des encouragements de l'État, nous soumettons nos impressions à l'appréciation éclairée de M. Rouher ou à ceux qui sont chargés de l'aider dans sa tâche.

Nous venons de visiter le département de la Mayenne, où l'arrêt rendu en ce qui concerne la *prime d'honneur* a soulevé des orages, justifié des réclamations qu'il importe de calmer. Le comité agricole de Château-Gontier s'est assemblé dernièrement, et la majorité des voix s'est élevée contre la décision du jury. Un grand nombre de membres ont rédigé une protestation qu'ils nous ont adressée, et que notre impartialité nous fit un devoir d'accueillir et d'insérer dans *la Presse*. En voici quelques passages :

« Monsieur,

» Dans le numéro du 8 juillet de *la Presse*, vous aviez rendu compte de notre concours régional, et vos appréciations, vos réserves à l'endroit de la *prime d'honneur* répondaient si bien au sentiment le plus général, que notre petit journal s'est empressé de les reproduire.

» Les réserves que vous faisiez nous avaient laissé espérer que vous évoqueriez à la barre de votre impartiale et indépendante critique la décision du jury qui, en décernant à M. le comte du Buat la *prime d'honneur* et en accordant à M. Picoreau, son « *redoutable* et *malheureux* concurrent, » une simple mention honorable, n'avait pas peut-être tenu assez compte des moyens et des efforts que chacun avait pu apporter et dépenser dans la lutte, et avait créé ainsi un fâcheux précédent au point de vue économique, contre lequel il importait de protester au début.

« Nous venons vous rappeler votre promesse.

» Il s'agit ici d'un intérêt élevé, sérieux, et il n'est pas étonnant que l'opinion publique se soit émue, surtout dans notre arrondissement, où le progrès agricole est une des premières préoccupations.

» Les comices et les concours régionaux, par les services qu'ils sont appelés à rendre, doivent prendre place et rang parmi nos plus fécondes institutions économiques, mais à une condition, c'est que les décisions de leurs jurys sauront toujours se maintenir dans une région sereine, où l'influence et le soupçon ne pourraient les atteindre.

» Loin de nous d'accuser le jury d'avoir cédé à des considérations ou des influences personnelles, mais nous avons le droit de dire que nous n'avions pas com-

pris, comme il semble l'avoir compris, le but que le
gouvernement s'était proposé en fondant ces hautes
récompenses, qui sont tout à la fois une distinction
pour l'effort heureux et une juste indemnité des sacrifices et des soins que le résultat a dû coûter...

» Voilà, monsieur, ce que nous vous prions de dire,
car vous le direz mieux que nous pour l'enseignement
de tous et pour relever le courage de nos modestes
cultivateurs, qui désormais se retireront de la lutte si
on la leur présente presque impossible...

» C'est contre une telle décision que nous avons
voulu protester.

» Château-Gontier, le 9 septembre 1862. »

Le domaine de la Subrardière se compose de cin-
quante-quatre hectares, dont dix-huit de prairies naturelles. Le sol, de moyenne consistance, est argilo-
schisteux et classé parmi les terres de première qualité.
Cette ferme est située au milieu des terres, éloignée
des voies ferrées et distante de vingt-huit kilomètres

de Laval. Cette situation indique que M. le comte du Buat a dû fabriquer chez lui les engrais que la cherté des transports lui interdisait de demander à l'extérieur. Cependant, dans ces dernières années, des guanos et des tourteaux de colza ont été ajoutés au fumier de l'établissement. La chaux avait été prodiguée par le fermier sortant, et on a dû l'abandonner pour les terres depuis 1853, époque à laquelle la ferme a été cédée au propriétaire dans un grand état de pauvreté.

Les prairies, en permettant d'entretenir immédiatement un bétail assez nombreux, furent, à son entrée en jouissance, d'un puissant secours à M. du Buat. Quoique les prés aient subi une grande transformation au moyen des irrigations, du chaulage, de la charrée et des composts arrosés avec du purin, on peut cependant dire que leur état laisse encore à désirer. Le jonc n'a pas disparu et les parties basses auraient besoin d'être drainées. Nous avons examiné le foin récolté cette année, et il nous a paru de qualité inférieure. Il est évident qu'on pourrait remédier à cet inconvénient par des irrigations moins fréquentes là où il n'existe pas de pentes, et par un assainissement à peine ébauché.

Les trente-trois hectares de terre labourée sont soumis à un assolement de huit ans, et divisés en soles de cinq hectares : 1° plantes sarclées, telles que betteraves, topinambours, navets et choux, fumées à raison de soixante mètres cubes l'hectare ; 2° orge et avoine de printemps, avec ray-grass d'Italie ; 3° ray-grass fauché en vert et mis en foin ; 4° sarrasin de Tartarie fumé avec quarante mètres cubes de fumier ; 5° froment fumé au printemps, s'il est besoin, avec du guano ; 6° féverolles fumées avec soixante mètres cubes de fumier ; 7° froment sans engrais ; 8° fourrages de printemps, tels que vesces, etc. Deux hectares sont affectés à une luzernière.

Nous ferons ici quelques objections. Nous ne comprenons pas à la Subrardière la culture du ray-grass, dont le but principal est de remplacer les prairies naturelles, qui occupent là une place importante. Le ray-grass a l'inconvénient grave de laisser après lui le sol très-sale ; il exige, pour donner un rendement profitable, des arrosages fréquents, surtout avec des purins mélangés d'eau, et c'est justement ce que ne lui fournit pas M. du Buat. En Angleterre, où on a donné à cette culture une grande extension, principalement dans les terres sablonneuses, on active par ce moyen la végétation. On emploie généralement le système Kennedy, avec ses canaux souterrains et ses pompes foulantes, comme à Tiptree-Hall, chez M. Méchi, ou bien encore à Cunning-Park, chez M. Telfer, en Écosse. A défaut de cette installation fort coûteuse, on a recours aux tonneaux irrigateurs, qu'on promène sur le champ après chaque coupe. Traité de cette manière, le ray-grass donne trois coupes par an, qui varient de trente mille à quarante mille kilogrammes chacune. On a vu des tiges atteindre jusqu'à deux mètres de hauteur. La sole

de ray-grass de la Subrardière est bien loin d'un semblable rendement, et on ne peut l'attribuer qu'au manque d'engrais liquide.

M. du Buat nous a dit qu'il le réservait pour d'autres
récoltes; cette pratique est condamnable. En effet,
l'atmosphère et le sol ont absorbé la plus grande partie
des principes fertilisants du purin avant que les plantes
d'une croissance plus lente que celle du ray-grass
aient eu le temps de se les approprier. Ainsi, pour le
blé, l'engrais liquide ne peut exercer qu'une très-
minime influence; c'est donc le gaspiller que de l'employer de cette façon, et cela pour en priver la plante
qui le réclame le plus impérieusement. Nous blâme-
rons encore les deux récoltes de froment qui se succèdent trop rapidement. Nous ne comprenons guère
non plus la culture du sarrasin au point de vue de la
production en grain, dont le prix n'atteint pas celui du
froment. On nous dit que c'est dans le but de se procurer de la paille; mais ne sera-ce pas payer un peu
cher la litière?

Ce qui nous a paru le plus défectueux dans l'exploitation qui nous occupe, ce sont les *façons* données à la
terre, et cependant, s'il est un point critiquable, c'est
bien certainement le taux énorme auquel doivent revenir les labours à l'exploitant. Huit bœufs nantais,
huit colosses, parfaitement choisis d'ailleurs, et deux
chevaux sont affectés aux travaux de la ferme. Les
journaux d'agriculture ont souvent reproduit les dis-

cussions qui se sont élevées à propos du labourage. Les
uns tiennent pour les chevaux, les autres pour les
bœufs. M. du Buat est de ces derniers. Il prétend labourer près d'un hectare par jour avec deux bœufs
qu'on relaye au milieu du jour. Nous acceptions son
assertion, mais nous lui demanderons alors à quoi bon
entretenir des attelages si nombreux. Si les bœufs de
la Subrardière labourent plus vite que les chevaux,
car nous n'avons jamais labouré plus d'un demi-hec-
tare par jour dans les terres fortes, il serait naturel
d'en diminuer le nombre. En outre, des labours exécutés aussi vite ne peuvent être très-profonds. La
charrue Rozé, sous le prétexte qu'elle ne coûte que
40 francs, est la seule qu'on emploie. Nous ne l'avons
pas vue fonctionner, mais elle ne nous paraît pas
construite de façon à opérer de défoncements sérieux.
Pour préparer le sol destiné aux racines, on la dépouille
de son versoir et on l'arme de la barre Armelin. Ainsi
disposé cet instrument suit l'araire pour fouiller le
sous-sol. Cette pratique n'est pas très-économique et
serait avantageusement remplacée par l'emploi d'une
charrue plus énergique, tel que le brabant-double, par
exemple. Nous avons vu les *déchaumages* qui se font
tout bonnement avec la herse ordinaire à dents de fer.
Ce travail est tout à fait insignifiant.

Les bâtiments de la Subrardière sont bien utilisés,
les granges vastes; les hangars renferment le manége
de la machine à battre, les coupe-racines et les hache-

paille. Les étables sont bien aérées et commodes. Des rails en bois sont établis sur le couloir placé en tête des animaux et facilitent la distribution de la nourriture. Lors de notre visite, la litière faisait défaut et la propreté des animaux laissait beaucoup à désirer.

La Subrardière entretient l'équivalent de cinquante-deux têtes de bétail, dont quarante-sept appartiennent à la race durham. C'est ici qu'il convient d'enregistrer le principal titre qu'offrait M. du Buat à la récompense qui lui a été décernée. Il est le premier qui ait introduit dans la Mayenne le sang des *courtes-cornes*, et par là il a rendu à son pays un service signalé. C'est en 1845 qu'il acheta au Pin une vache qui lui fut adjugée pour la somme de 325 francs. Depuis, aucune autre femelle étrangère n'est entrée dans la vacherie. *Prima* a été l'unique souche d'une des étables les plus importantes de l'Ouest. En quatorze années, M. du Buat a obtenu quatre-vingt-une naissances. Jusqu'à ce jour la vente des animaux de durham a produit 30,020 francs. Voilà certes de beaux résultats et une excellente réponse à ceux qui prétendent que la race *teeswater* est inféconde. Eu égard au capital engagé, qui est très-minime, puisque les deux seuls reproducteurs venus du dehors n'ont pas dépassé 1,340 francs, l'opération est magnifique. Malheureusement la qualité des animaux de la Subrardière est inférieure. Ils sont généralement communs et d'un développement médiocre; aussi ne brillaient-ils pas au concours de Laval. Il serait difficile qu'il en fût au-

trement, puisque c'est d'une vache de réforme, petite
et chétive, que sont sortis tous ceux que nous voyons
aujourd'hui chez M. du Buat. Lorsqu'on nous les donne
comme des modèles, qu'on les annonce à grands sons
de trompe, on est plus nuisible qu'utile à ceux qu'on
veut servir. Nous avons vu, ces jours passés, deux génisses venant de la dernière vente, qui sont de tous
points attaquables, tant au point de vue de la forme
que sous le rapport du poids. Nous n'aimons ni « les
colosses ni les lilliputiens, » mais nous ne pouvons
admettre qu'il ne faut « tenir aucun compte du volume,
de la taille et du poids, » comme le dit M. Jamet. La
forme a certainement une grande importance, mais
elle doit s'allier au plus grand développement possible.
Nous pensons, avec les éleveurs les plus célèbres de la
Grande-Bretagne, que ce à quoi il faut viser dans la
production des animaux de boucherie, c'est au plus
fort poids. Chacun a pu se convaincre, cette année, en
examinant les animaux anglais, qu'un gros volume est
compatible avec une parfaite régularité de formes.

Nous ne comprenons pas davantage les attaques
contre ceux « qui ont peuplé leurs étables à grand
renfort d'écus. » Il serait, ce nous semble, plus équitable de leur savoir gré des dépenses qu'ils font pour
doter leur pays de reproducteurs de mérite, dont l'introduction serait de toute nécessité dans certaines
étables « dirigées d'après les principes » de l'écrivain
du *Journal d'Agricluture pratique.* En somme, l'éta-

ble de la Subrardière présente un ensemble assez satisfaisant, mais ne renferme pas de sujets remarquables. Elle aurait besoin d'ètre régénérée par un sang nouveau pour justifier plus complétement la prétention qu'elle affiche, d'être un haras utile aux éleveurs de durhams.

La bergerie, composée de moutons dishleys assez bien réussis, est peu importante. La porcherie ne renferme que quelques sujets très-inférieurs. Les porcs n'y sont entretenus que pour les besoins de la ferme et du château.

Quant aux récoltes, elles ne nous ont frappé que par leur médiocrité, eu égard à la qualité des terres. Les céréales n'ont donné ni plus ni moins qu'aux alentours ; les trèfles sont mauvais ; les choux sont beaux, mais point exceptionnels ; les racines n'ont rien de remarquable ; la récolte des féverolles et des haricots est abondante.

M. du Buat accuse en moyenne un revenu annuel de 5,177 francs, ce qui constitue une rente de près de 100 francs par hectare, en plus du fermage, compté à environ 75 francs. C'est un beau résultat. Les livres de compte sont tenus avec soin, mais nous savons que la commission d'examen leur a reproché de manquer de clarté.

Malgré les imperfections que nous venons de signaler dans l'exploitation de la Subrardière, elle offre cependant des leçons utiles et des pratiques qui ont con-

tribué au progrès signalé dans l'agriculture de la
Mayenne. Toutes les fermes de M. du Buat et celles
des environs possèdent des animaux améliorés par ses
taureaux, dont il donne les services à un prix modeste.
La vulgarisation du sang précieux des *courtes-cornes*,
voilà pour nous un titre sérieux aux faveurs du gouvernement. Si parfois nous nous sommes montré sévère dans nos appréciations, c'est qu'on est en droit
d'exiger beaucoup chez celui que la *prime d'honneur*
désigne à tous comme un modèle à suivre.

III

Disons maintenant ce que nous avons vu d'intéressant
chez M. Picoreau, le concurrent le plus sérieux de
M. du Buat.

Il y a de cela douze ans, on rencontrait encore sur la
route de Craon, à sept kilomètres de Château-Gontier,
une assez grande quantité de landes. On ne s'expli-
quait pas comment, dans cet arrondissement si riche,
déjà si bien cultivé, dans un rayon si rapproché d'une
ville, il pouvait se trouver des terres incultes ; mais
les paysans vous apprenaient que depuis longtemps

déjà elles étaient en vente sans qu'il se présentât d'acquéreurs, tant leur réputation d'infécondité était bien établie. Les fermiers n'y pouvaient nourrir de bestiaux, et plusieurs s'y étaient ruinés successivement. En 1850, M. Picoreau, fils d'un cultivateur du pays et maire d'une commune voisine, eut la pensée d'acheter la ferme de la Grée, d'une superficie de quarante-deux hectares, en s'associant avec un de ses amis. L'acquisition faite au prix de 32,000 francs, la ferme fut partagée, et vingt et un hectares, sans bâtiments, échurent à M. Picoreau.

Ce dernier se fit construire un corps de ferme qui lui coûta 9,000 francs. En 1854, il s'agrandit et acheta quarante-sept hectares de ces mêmes landes, au prix de 28,000 francs. Les deux tiers étaient complétement incultes, et le fermier qui les exploitait, propriétaire d'une prairie non comprise dans l'acquisition, ne payait pour le tout que 400 francs de fermage ! Il possédait un cheptel composé de cinq vaches et de deux chevaux; le tout estimé 800 francs !

La nouvelle ferme reçut le nom de Mongré et se compose aujourd'hui de cinqunate-neuf hectares de terres arables, de trois hectares de prairies naturelles nouvellement créées et de six hectares de bois taillis.

M. Picoreau, ayant mis là toute sa fortune, a dû emprunter un capital de 20,000 francs pour achats d'animaux, d'engrais et fonds de roulement. Aujourd'hui, il est en partie liquidé, possède un bon cheptel, des instruments perfectionnés, les deux ensemble évalués à 13,455 francs. En outre, la valeur foncière de sa propriété s'est accrue de 30,000 francs.

Le sol de Mongré est plat, très-léger partout et en partie sablonneux. Dans quelques endroits, le sous-sol est imperméable et composé de sable et de gravier, ormant une sorte de béton très-dur.

Le premier soin de M. Picoreau fut d'acheter six bœufs nantais pour opérer les défrichements, et quatre chevaux pour le transport des engrais pris à la ville de Château-Gontier, qui lui a concédé gratis ses vidanges. Il emploie aussi les terres provenant des démolitions, deux cents hectolitres de chaux et environ deux cents mètres cubes de balayures de route. Il a aussi, au milieu de son bois, un établissement d'équarrissage où il tue deux cents animaux. Il estime que la chair seule est un engrais de peu de valeur, mais que les intestins et le sang, mélangés avec des détritus de la ferme et des terres, produisent autant qu'une quantité double de fumier. Ce n'est qu'avec beaucoup de difficultés, une grande persévérance et des sacrifices pécuniaires que M. Picoreau a pu se procurer des ouvriers pour la préparation de tous ces engrais.

Les défrichements terminés, les bœufs de travail avaient été réduits à quatre. On se sert de la charrue de Brabant traînée par deux bœufs et conduite par un seul homme. L'assolement adopté est quadriennal et à base de plantes sarclées, telles que choux, betteraves, aux-

quels succède le blé ou le colza. Cette dernière plante,
qui donne ordinairement de beaux bénéfices à Mongré,
a gelé ces deux dernières années. Le blé a rendu jusqu'à trente hectolitres à l'hectare ; en 1862, le rendement a été de vingt-six hectolitres. La commission a dit
à M. Picoreau que ses blés étaient les plus beaux qu'elle
ait vus, y compris ceux de son concurrent plus heureux. L'orge a donné quarante hectolitres à l'hectare.
Les betteraves sont belles et valent celles de la Subrardière ; nous en dirons autant des topinambours.
Cependant, pour la première de ces deux racines, le
sol de M. du Buat est infiniment plus favorable. Le
plant de choux ayant manqué comme presque partout,
ce précieux fourrage a été remplacé par une sole de
blé noir qui a donné cinquante hectolitres à l'hectare,
et qui sera livré concassé aux animaux. Les trèfles sont
bien plantés et promettent une bonne récolte ; la luzernière est en bon état et arrosée avec du purin, au
moyen d'un tonneau commode et économique, construit
par M. Picoreau. Les prés sont encore d'un maigre
rapport, malgré les irrigations, et ne fournissent de
foin que pour les animaux de travail. L'année dernière,
quatre hectares de choux ont suffi avec une ration de
paille à la nourriture de trente-cinq bêtes à cornes ;
cinquante ares de carottes semées pour les chevaux
et les veaux ont produit sept mille kilogrammes de
racines.

L'étable se compose de croisements durhams-man-

10

ceaux bien réussis et en bon état. La porcherie, peuplée de yorkshires-craonnais, est très-bien tenue.

Dans cette terre, qui semblait maudite, où ne croissait naguère encore que la bruyère, asile des lièvres et des lapins, où l'épine elle-même ne vivait pas, à ce point que M. Picoreau a dû fumer énergiquement ses plantations d'épines noires pour clôtures; sur cette ferme dont les revenus étaient considérés pour si peu de chose que, moyennant 120 francs, l'acquéreur a pu entrer en jouissance un an plus tôt, vous voyez partout la plus belle végétation. Les soixante-deux hectares produisent maintenant une rente de 2,500 francs.

Il y a deux ans, lorsqu'à la suite d'une visite que nous venions de faire à Mongré, nous signalions au jury cette exploitation où règnent l'ordre le plus parfait, une activité sans bornes et une intelligence peu commune, nous disions dans le *Journal des Cultivateurs :*

« Les efforts de M. Picoreau dénotent un cultivateur intelligent et un homme de bien, dont les services trouveront, nous l'espérons, leur récompense dans un avenir prochain. Nous connaissons une partie des exploitations rurales qui vont se présenter à la prime d'honneur pour le département de la Mayenne en 1862 ; parmi elles, il en est de plus ancienne date, et où par conséquent la richesse a pu être portée à un plus haut degré, où le capital a produit des instruments ou des animaux plus perfectionnés. On ne rencontre dans cette ferme, encore au début de la

prospérité, aucun type de race pure, aucun animal
de boucherie couronné dans les concours; mais on
peut constater le progrès dans les champs et les greniers ; les étables bien garnies montrent assez que
l'éleveur est dans la bonne voie, les jeunes animaux
sont déjà plus beaux que leurs mères, saillies par les
plus beaux taureaux du pays.

» En un mot, parmi les rivaux de M. Picoreau, il
s'en trouvera dont les exploitations sont plus célèbres, où les améliorations ont eu plus de retentisse-
ment dans la presse; mais peu, nous le reconnaissons avec plaisir, auront produit autant de bénéfices
dans un si court espace de temps, dans de si mauvaises conditions et avec un capital aussi exigu. »

Il y a peu de jours, dans un banquet à l'occasion de
la réunion du comice agricole de Château-Gontier, un
toast était porté à l'homme qui a fait disparaître de
notre arrondissement les derniers vestiges d'une époque
de misère, à l'homme qui, sans patrimoine, s'est élevé
par son intelligence et son travail, à la hauteur des
plus méritants, à M. Picoreau enfin, qui a prouvé,
comme l'a dit le président du comice, M. Gernigon,
« qu'avec de l'intelligence, un travail opiniâtre et un
» capital très-modeste, on triomphe de toutes les diffi-
» cultés! »

Quand les sympathies de tout un pays viennent
ainsi trouver le vaincu d'hier, mais qui sera, nous en
avons le ferme espoir, le vainqueur de demain,

l'homme auquel elles s'adressent peut se consoler de n'avoir obtenu que la seconde place lorsqu'il est au premier rang dans l'estime de tous, lorsque sa brillante défaite est saluée comme une victoire (1).

(1) La publication de ce travail nous a valu la lettre suivante des membres du Comice agricole de Château-Gonti er :

« Monsieur,

» Nous vous remercions d'avoir donné asile à notre protestation au sujet de la prime d'honneur de la Mayenne, et d'avoir répondu à l'appel que nous vous adressions de dire votre avis sur les exploitations de MM. du Buat et Picoreau.

» Les impressions que vous avez ressenties dans vos deux excursions agricoles sont tout à fait conformes à celles qui dominent chez les cultivateurs de notre pays. Les sympathies que vous avez si bien exprimées et que tous nous éprouvons pour le caractère et les efforts de notre honorable concitoyen ont causé à chacun de vos compatriotes une véritable satisfaction.

» Vous avez su, monsieur, rester indépendant et rendre justice à qui de droit, et c'est pourquoi nous voulons vous en exprimer notre reconnaissance.

» Veuillez agréer, monsieur, l'assurance de notre considération très-distinguée. »

VI

CONCOURS RÉGIONAL D'ANGERS

Rendons hommage aux ordonnateurs de cette fête de l'agriculture. Que de coquetterie, que de goût dans la façon dont ils avaient décoré l'entrée du concours ! Quel enchantement ! quelle féerique décoration ! Ces corbeilles aux couleurs étincelantes vous disent bien haut que vous êtes au centre du jardin de la France. En consultant le catalogue vous y voyez les noms des Leroy, des Cachet, ces hommes distingués qui échangent avec le monde entier les produits de nos climats contre les plantes et les arbres exotiques dont ils ont doté, à force de soins et de persévérance, nos parcs et

nos squares. Quelles familles nombreuses que ces aza-
lées, que ces pélargoniums aux larges et multicolores
pétales, de l'abbé de Beaumont! Combien les horticul-
teurs angevins ont dû regretter que la saison ne leur
permît pas de montrer aux étrangers leurs fruits, uni-
ques dans le monde par leur grosseur et leur saveur,
ces melons succulents, ces pêches énormes et si déli-
cates de M. Bernard, ces poires monstrueuses et savou-
reuses du Boismont-Boucher?

Mais abandonnons les splendeurs de l'horticulture
angevine, et entrons dans la longue et large voûte formée par les vieux arbres du Mail. Là sont réunis les
types les plus variés provenant des riches départements de Maine-et-Loire, de la Vendée, et de ceux,
moins favorisés sous le rapport du sol, de la Loire-
Inférieure, des Côtes-du-Nord, d'Ille-et-Vilaine, du Morbihan et du Finistère.

C'est tout d'abord la ravissante race bretonne, au
pelage généralement pie-noir, qui a quelque chose de
sauvage dans sa construction et dans sa physionomie.
Regardez plutôt cette petite tête carrée, ornée de cornes
longues et minces; comme son regard est doux et vif
tout à la fois! Ne vous semble-t-il pas voir un chevreuil
l'œil et l'oreille au guet? l'épaule n'est-elle pas faite
au point de vue de la marche, de la course même? Les
membres sont secs comme ceux d'un habitant des
forêts, et les jarrets coudés comme ceux du cheval
montagnard. Cependant il ne faut pas médire de la

race bretonne; elle est la fortune des pays pauvres; elle fournit un lait très-riche, et le beurre de la Prévalais a plus d'un rival aux alentours.

La viande du bœuf breton est la plus délicate de toutes, aussi ne se débite-elle guère sur place. Le paysan engraisse ses animaux avec de la farine de blé noir et les vend ensuite aux commissionnaires pour être expédiés sur Londres. Ainsi la pauvre mais pittoresque Bretagne a du moins le privilége, si ce n'est de produire beaucoup, du moins de fournir la table des lords d'Angleterre. Chacun s'arrêtait devant les génisses de S. A. madame la princesse Baciocchi et de M. Tallendeau, à Muzillac (Morbihan), qui réunissaient toutes les perfections du genre.

Des lilliputiens de l'espèce bovine, nous passons aux géants de la région, aux races parthenaise et nantaise, qui, à vrai dire, n'en forment qu'une seule, la seconde n'étant qu'un dérivé de la première. Que dire de cette race, qui n'a pas toutes nos sympathies? Nous savons que la qualité de la viande est bonne, que les choletais sont prisés par la boucherie parisienne; nous savons aussi qu'ils sont bons travailleurs, que les terres qu'ils labourent sont très-résistantes, et que les travaux qu'on exige d'eux sont au-dessus des forces des chevaux vendéens; mais nous n'ignorons pas non plus que ces animaux ne sont guère précoces, que leur engraissement est coûteux, et que le lait de la vache n'est pas abondant.

Nous l'avons déjà dit, cette race a peut-être sa raison d'être comme race de travail, mais nous qui ne sommes pas partisans de la *spécialisation*, nous ne pouvons l'admirer. Serait-elle donc un mal nécessaire, et les cultivateurs vendéens seraient-ils dans d'autres conditions que ceux de la Mayenne, qui, eux aussi, ont des terres tenaces, et qui cependant ont transformé leur race afin d'augmenter par là la production de la viande et aussi la masse de leurs engrais?

La troisième catégorie, consacrée aux races diverses pures, figure encore sur le programme. Il serait cependant temps que l'ordre et la raison remplaçassent partout le chaos et le caprice. Dans quel but consacre-t-on des prix à l'encouragement de la race normande dans cette région où elle ne convient nullement, et à celui de la race mancelle presque abandonnée au lieu même de son berceau? Ce sont encore là des anomalies que nous voudrions voir disparaître, et sur lesquelles nous appelons l'attention de M. le ministre de l'agriculture.

Nous passerons de suite à la race durham qui, à part quelques exceptions, n'était qu'assez faiblement représentée. Cette exhibition ne valait pas celle de Laval, dont nous parlerons tout à l'heure. Ainsi, le premier prix, des jeunes taureaux appartenant à M. Boisseaux, à Gorges (Loire-Inférieure), avait une arrière-main défectueuse, et n'annonçait pas, considéré isolément, devoir conquérir cette distinction. Nous lui eussions

préféré celui de M. d'Andigné de Mayneuf, à Cham-
bellay (Maine-et-Loire), qui est d'un meilleur sang,
quoiqu'il manque de largeur de hanches, et qui n'a
obtenu que le deuxième prix. Les vieux taureaux étaient
encore inférieurs, et nous ne voyons guère que celui
de M. de Foucaud, à Bréheuc-Moncontour (Côtes-du-
Nord), qui mérite d'être recommandé ; il a obtenu le
deuxième prix. Le premier prix, appartenant à M.
de Jousselin, à Saint-Georges sur Loire, et ceux de
MM. Halna du Frétay et de Pontavice étaient fort
médiocres et péchaient tous les trois par les épaules.

Les femelles étaient, comme partout, infiniment
meilleures que les mâles. Parmi les jeunes, deux surtout appartenant au même propriétaire, M. Paul de
Danne, à Angers, ont causé l'admiration générale.
Depuis longtemps nous n'avions vu deux animaux
accusant une origine aussi distinguée ; voilà réellement
ce qu'est la race durham lorsqu'elle est élevée avec
soin. Dans les concours de tous les pays, il y a presque
toujours un ou deux animaux qui dépassent de beaucoup leurs concurrents ; il y a deux ans, à l'exposition
de la *Société royale* à Canterbury, les génisses du
capitaine Gunter avaient le privilége d'attirer sans
cesse une foule nombreuse ; eh bien, celles de M. de
Danne ont eu cette année, à Angers, un succès analogue. Ces ravissantes bêtes, issues du même père,
animal envoyé d'Angleterre par M. de La Tréhonnais,
quoique n'étant pas jumelles comme celles du célèbre

éleveur anglais, ont cependant une grande ressemblance, et le jury a dû cette fois être embarrassé pour donner le premier prix à l'une plutôt qu'à l'autre. Ces deux excellents produits angevins dénotent une main habile dans l'art de l'élevage. Nous conseillons à M. de Danne de choisir pour ces deux mères, qui doivent devenir une source féconde pour son étable, un taureau doué d'un grand développement; car le seul reproche qu'on pourrait adresser à ces deux filles de *Monck*, c'est d'être un peu petites. Quoique la génisse deuxième prix, appartenant à M. Boisseaux, ne puisse être comparée à celles dont nous venons de parler, elle est cependant fort jolie ; ses membres sont courts et fins, et son corps présente une longueur peu commune. La génisse troisième prix, à M. de Falloux, ne manque pas de finesse, mais elle est serrée dans ses épaules et étroite dans son arrière-main.

Dans les génisses plus âgées, c'est encore M. de Danne qui a remporté sans conteste le premier prix, avec une bête qui se fait remarquer par une avant-main parfaite et une poitrine développée; l'attache de la queue seule est à blâmer chez cette vache, qui accuse une bonne origine. Le deuxième prix à M. de Jousselin, à Saint-Georges-sur-Loire, manque de développement et est serré dans ses épaules ; nous lui eussions préféré la génisse troisième prix, à M. Boutton-Lévêque, aux Ponts-de-Cé (Maine-et-Loire), lauréat de la coupe d'honneur à Poissy, en 1862.

Parmi les vaches de plus de trois ans, celle de M. de Jousselin, qui a obtenu le premier prix, laisse encore à désirer dans son arrière-main, tout en étant cependant très-belle ; sa tête est légère et sa peau excellente. Le deuxième prix a été accordé à M. d'Andigné de Mayneuf, pour une vache dont le principal mérite est d'être suitée d'un veau hors ligne ; la mère est commune. M. de Falloux exposait deux vaches dans cette catégorie, l'une petite avec une vilaine tête, accompagnée d'un beau veau, l'autre infiniment meilleure, mais très-âgée. La première a obtenu le troisième prix. Notons aussi une belle vache blanche à M. Boutton-Lévêque, mère d'un bœuf troisième prix cette année à Poissy.

La petite race écossaise d'Ayr avait aussi à Angers ses représentants, mais moins jolis que ceux que nous avons vus à la dernière exposition générale de Paris, quoiqu'ils soient encore sortis des mêmes étables. Certains éleveurs bretons essayent du croisement de leur race indigène avec celle d'Ayr. Ont-ils raison ? Voilà ce que nous ne voudrions pas affirmer. La race d'Ayr, d'une taille un peu plus élevée que la bretonne, donne aussi un lait plus abondant mais moins butrieux. Dans les exploitations où le terrain et le degré de culture le permettent, le croisement ayr-breton peut, comme transition, préparer les voies à l'introduction de la race durham. Le costume national du Morbihan, porté par les palefreniers de la princesse Baciocchi, nous indique

que Son Altesse a aussi remporté là des victoires incontestables, en compagnie de MM. Halna du Frétay, à Plogré (Finistère), du Pontavice, à Loudéan (Ille-et-Vilaine), de Lamotte, à Carheil (Loire-Inférieure), et Delaunay, au Champ (Maine-et-Loire).

Nous arrivons maintenant aux croisements durhams. Cette catégorie était la plus remarquable du concours, et il faut s'en féliciter ; cela indique que les idées de progrès entrent maintenant dans la masse des éleveurs. Nous avons dit, à l'occasion de l'exposition de Laval, notre opinion au sujet des reproducteurs mâles métis ; nous n'y reviendrons pas, mais nous signalerons les magnifiques métis de MM. Charles de Danne, à Saint-Martin du Bois (Maine-et-Loire), Boutton-Lévêque et d'Andigné de Mayneuf. Les numéros 266 et 269, appartenant à ce dernier éleveur, étaient hors ligne et n'avaient pas de rivaux, même à Laval. Ce sont les plus beaux produits de croisements que nous ayons vus jusqu'à ce jour. Constatons en passant que l'ensemble de l'exposition de M. d'Andigné est au niveau des sacrifices que le propriétaire de l'étable des Alliés s'est imposés pour améliorer l'espèce bovine de son canton, et que la parfaite condition des animaux dit aussi qu'il est parfaitement secondé par un des membres d'une nombreuse et honorable famille de cultivateurs habiles.

L'exposition ovine, peu considérable, était généralement mauvaise. Quelle différence avec celle de

Laval! Peu de sujets méritent d'être signalés. Nous avons cependant remarqué les béliers dishleys de MM. Dambray et Barent, les brebis south-downs de M. de Lamotte, et quelques croisements assez bien réussis, entre autres ceux de MM. Pradel et Guévenoux.

L'espèce porcine était fort mal représentée. Les porcs craonnais et bretons étaient très-mauvais, et le jury a fait preuve de trop d'indulgence et de générosité à l'endroit d'éleveurs qui sont loin de mériter des éloges.

Les animaux de races anglaises, en nombre égal, mais de qualité supérieure, laissaient encore beaucoup à désirer. Les animaux de MM. du Pontavice, Liazard, Boutton-Lévêque, de Danne, d'Andigné de Mayneuf, et surtout ceux de M. de Falloux, étaient cependant assez satisfaisants.

L'exposition des instruments agricoles était remarquable, tant par le nombre que par une fabrication très-soignée. Les constructeurs nantais, angevins et saumurois avaient rivalisé de zèle et d'habileté; les machines des Lotz, des Passedoit, faisaient l'admiration des visiteurs. Ce dernier, outre sa belle locomotive d'un nouveau modèle, d'une grande simplicité et d'un fini irréprochable, avait exposé une machine à battre avec son manége. Le manége de M. Passedoit ressemble beaucoup à celui de M. Pinet, sur lequel il semble avoir un avantage assez marqué. Par des dis-

positions qui lui sont particulières, le pignon de la
roue, au lieu d'être fondu d'une seule pièce, est séparé et fixé sur un arbre mobile, dans deux collets
verticaux du bâti du manége. Ce bâti est tout en
métal, ce qui assure sa solidité. Le montage et le
démontage sont simplifiés et les réparations faciles à
exécuter. Ces avantages, joints à son prix peu élevé,
doivent contribuer à vuigariser la machine à battre de
M. Passedoit, qui, en 1856, a remporté à Paris un des
principaux prix. Parmi les exposants hors région,
signalons les instruments de M. Ganneron, ingénieur
civil, quai de Billy, à Paris, qui fait des efforts constants, et à cette heure couronnés de succès, pour
doter notre agriculture nationale des meilleurs produits des fabriques anglaises.

Plusieurs collections de produits agricoles, entre
autres celles de MM. de Falloux, de Jousselin et le
Fellec, nous ont frappé par la beauté et la diversité
des produits.

On voyait aussi des échantillons de chanvre; et
celui des bords de la Loire est très-estimé, on le dit
supérieur à celui de Russie; il est très-recherché par
la marine. La culture de cette plante, la fortune des
habitants de la vallée de la Loire, donne lieu, à Angers,
à un commerce très-important.

Nous terminerons ce rapide examen en disant que
la prime d'honneur a été décernée à M. de Falloux,
propriétaire exploitant au Bourg-d'Iré, près Segré

(Maine-et-Loire). Des médailles d'or ont été également décernées à MM. d'Andigné de Mayneuf, de Jousselin, Boutton-Lévêque, de la Devansaye et du Baut, et des médailles d'argent à MM. Gauchet et de Quatre-barbes, pour perfectionnements apportés dans leurs exploitations.

VII

LA PRIME D'OHNNEUR DE MAINE-ET-LOIRE

I

Comme complément à notre compte rendu sur le concours régional d'Angers, nous dirons quelques mots des exploitations qui se disputaient la prime d'honneur dans Maine-et-Loire.

Le métayage, qui, jusqu'à la fin du dernier siècle, occupait les cinq sixièmes de la France, est encore en vigueur dans beaucoup de localités en Anjou. Quelques-uns attribuent à ce mode d'exploitation les progrès signalés dans ces derniers temps. S'il en était ainsi, comment expliquer que cette coutume ait été si longue à porter de bons fruits? Nous avons vu de près les effets du métayage, et nous ne pouvons partager cette opinion. Importé par les Romains dans les Gaules, il fut pendant des siècles la condition territoriale ordinaire des cultivateurs. Au moyen âge, et depuis encore, la pauvreté du paysan l'empêchait de payer son fermage en argent; mais aujourd'hui que le numéarire est moins rare, que les débouchés se sont augmentés, on ne comprend plus guère la prétendue nécessité du métayage. Les baux accordés aux métayers variaient selon les lieux ; cependant, ie plus ordinairement, les redevances payées au propriétaire étaient proportionnées aux résultats. Ce dernier fournissait la moitié du bétail, des instruments et des semences, et laissait au métayer les pailles et le grain nécessaires à la nourriture des animaux de labour. Aujourd'hui ces conditions sont encore à peu près les mêmes, sauf que le matériel appartient en entier au métayer. Le propriétaire paye une partie des amendements.

Il faut bien reconnaître que ce mode d'exploitation du sol ne s'explique que par la pauvreté du paysan, qui n'avait pas les fonds nécessaires pour acheter un cheptel et faire les avances d'engrais. Cela est si vrai que dans les pays plus riches, comme dans le Nord, par exemple, on a abandonné depuis longtemps le métayage. Si, dans certains pays, il a été maintenu aussi longtemps, c'est que les seigneurs d'autrefois et les grands propriétaires, dans des temps moins éloignés, conservaient, par ce moyen, une grande influence sur les populations rurales, influence, disons-nous, qui a considérablement diminué depuis la pratique des baux à terme.

Arthur Young, dans un de ses voyages en France, en 1789, fut très-frappé par les inconvénients du métayage. « J'ai trouvé, dit-il, des métayers où l'on devrait le moins s'y attendre, sur des fermes que leurs propriétaires voulaient faire valoir. Par suite, les propriétés des gentilshommes campagnards sont les plus mal cultivées de toutes : ceci ne demande pas de commentaires... Par ce système absurde, continue-t-il, la terre qu'en Angleterre on louerait 10 shillings ne rapporte ici, le bétail compris, que 2 shillings 6 deniers environ. »

A cette heure, l'humoristique touriste anglais ne reconnaîtrait guère les contrées qu'il parcourait à petites journées, monté sur son *roadster*. Les champs d'ajoncs et de genêts ne se montrent plus que de loin en loin, pour témoigner des progrès accomplis, et pour que le voyageur puisse encore apercevoir le point de départ à travers les heureuses révolutions subies par l'agriculture dans ce pays si bien doué par la nature.

Si les voies de communication se sont améliorées, si la lande a disparu, si un bétail, poussé par la faim, n'erre plus par les chemins, bien des transformations restent encore à accomplir. La trop grande division des champs, entourés de talus énormes, les arbres

qui les surmontent et dont les ombrages nuisent aux
récoltes, enlèvent à la production une partie notable
du sol. L'Anjou ne produisait autrefois que des céréales
alternant avec la jachère morte, qui occupait la plus
grande partie du territoire. Les prairies naturelles, qui
venaient au secours de cet assolement et sur lesquelles
paissait un bétail peu amélioré, entretenaient l'illusion
chez les partisans du *statu quo*. Mais lorsque les foins
manquaient, c'était alors que quelques-uns, plus
réfléchis, s'apercevaient des graves inconvénients de
cette culture exclusive des céréales. Le bétail dépé-
rissait, le fumier manquait, et la misère pesait sur
tous. Avec cet assolement, c'est-à-dire avec la jachère
morte fumée directement pour le blé, point de fortes
fumures, dans la crainte de la verse, par conséquent
point de récoltes maxima. En un mot, ce système ne
donnait ni le grain ni la viande à bon marché. Depuis
quelques années, la culture du trèfle est venue remédier en partie à cet état de choses. Cette plante, qui
n'exige point de *façons*, qui donne deux coupes et
une pâture dans la première année, prépare très-bien
la terre à un ensemencement de céréales. De là l'adoption de l'assolement triennal, qui est encore loin de la
perfection. Puis, comme l'instruction agricole est nulle
chez le paysan, qu'il ne sait et n'apprend les choses
qu'à ses dépens, il est arrivé que ce dernier, ne res-
pectant pas les conditions mêmes de la prospérité du
trèfle, placé sur deux céréales consécutives, et reve-

nant trop fréquemment sur la même terre, le trèfle, disons-nous, n'a pas tardé à manquer. On aperçoit bien quelques champs de choux poitevins, voire même parfois quelques betteraves ou navets; mais ces fourrages ne forment point la base des assolements. La mode des sillons n'a pas disparu et empêche tout binage, c'est-à-dire toute forte récolte de racines.

Telles sont les conditions au milieu desquelles quelques agronomes distingués sont venus donner un nouvel élan à une production très-limitée, et montrer aux populations rurales les ressources fécondes d'une terre de promission. Au nombre de ces hommes, il faut citer en première ligne M. le comte de Falloux, ancien ministre de la République, dont nous allons examiner les travaux.

C'est à quarante-quatre kilomètres d'Angers, au milieu des terres, qu'est situé le domaine qui a valu la prime d'honneur à M. de Falloux. En arrivant dans le petit village du Bourg-d'Iré, placé sur un riant coteau, vous découvrez sur le plateau opposé un joli château, bâti nouvellement, dans le style Louis XIII. Un bois taillis lui sert d'avenue d'un côté; quelques vieux chênes forment de loin en loin des massifs, assis sur une prairie de trente hectares, qui descend en pente douce jusqu'à la rivière. A l'une des extrémités de cette immense pelouse s'élèvent en amphitéâtre les champs de la ferme. Le système des clôtures adopté dans le pays a été respecté; les troupeaux, gardés par les talus

11.

plantés, véritables fortifications, n'ont pas besoin de berger. Seulement, d'une foule de parcelles de terre on en a fait plusieurs, où l'air et le soleil pénètrent et vivifient les récoltes.

Lorsqu'il y a dix ans nous arrivions au Bourg-d'Iré, c'était par un vrai labyrinthe de petits chemins creux, bordés de pauvres maisons humides et malsaines. L'ancien représentant de Segré a acquis abattu et reconstruit ces tristes demeures, nivelé le terrain trop mouvementé, élargi et empierré le chemin d'arrivée, devenu depuis chemin vicinal. Si le propriétaire a gagné à tous ces travaux, les habitants du pays en font aussi leur profit, en ne se perdant plus dans des chemins impraticables une partie de l'année. Toutes ces transformations se sont faites au moyen d'une petite armée de travailleurs à la journée, commandée par un vieux soldat amputé d'une jambe. Le chantier était ouvert à tous ceux qui manquaient d'ouvrage, et plus d'un invalide, plus d'un bras inexpérimenté coopérait à l'œuvre, menée à bonne fin un peu plus lentement peut-être; mais enfin richesse oblige, et le châtelain l'avait compris. Le drainage ne fut point oublié, et les parties basses furent assainies sur une étendue considérable. Le prix de revient s'est élevé en moyenne à 30 centimes le mètre.

La construction des bâtiments d'exploitation marchait concurremment avec ces différents travaux; le plan en est parfaitement combiné à tous les points de vue. Située

sur la hauteur, non loin du château, la ferme comprend
la maison du régisseur, qui occupe le centre, et deux
ailes renfermant : l'une les étables, où trouvent place
soixante bêtes à cornes ; l'autre le cellier, la boulange-
rie, le pressoir, un magasin pour les racines, l'écurie et
la porcherie. L'étable est divisée par une vaste grange,
où peuvent entrer les charrettes de fourrages et où se
fait la manutention. On y a ménagé aussi une chambre
pour le vacher. M. de Falloux a voulu que chacun pût
à toute heure visiter les animaux aussi bien que les
cultures. Ces visites fréquentes, qui dérangent le
bétail, ont rendu nécessaire la construction d'une
étable, où s'engraissent les bœufs destinés aux concours de boucherie. Un vaste corridor règne dans
toute la longueur des étables, où les animaux, se faisant
face, sont rangés sur deux rangs. La largeur du bâti-
ment, au-dessus duquel est établi un grenier contenant
quatre-vingt mille kilogrammes de foin, permet aussi
qu'on arrive facilement derrière les animaux. Ces deux
couloirs, pavés en briques sur champ, facilitent le pan-
sement, la distribution de la nourriture et les soins de
propreté, qui, disons-le en passant, sont irréprochables.
des canaux conduisent sur les prairies toutes les eaux
fertilisantes provenant soit du château, soit de la
ferme. Une fosse à purin a été creusée au-dessous des
fumiers. Une pompe arrose ces derniers ou jette le
liquide dans un tonneau qu'on promène sur la prairie.
Un vaste hangar, placé près de l'aire, contient la

machine à battre et les instruments aratoires. Ces différentes constructions ont absorbé un capital de
16,000 francs, non compris les bois et les ardoises
provenant de l'ancienne maison d'habitation.

C'est en 1850 que M. de Falloux entra en jouissance
de cette terre, que lui léguait son père. Le sol, de
consistance moyenne, est argilo-schisteux, et le sous-
sol est presque partout peu perméable. La ville de
Segré, distante de huit kilomètres et siége d'une sous-
préfecture, possède un marché hebdomadaire, seul
débouché offert aux produits de la ferme. La main-
d'œuvre devient rare là comme ailleurs; les domesti-
ques mâles se payent 250 à 320 francs, et les gages des
femmes de 150 à 180 francs, y compris le logement, la
nourriture et le blanchissage. La ferme emploie deux
vachers et un jeune aide, un laboureur, un charretier,
deux ouvriers et deux servantes.

L'étendue de la ferme est de soixante hectares,
dont la moitié en prairies naturelles. L'assolement
adopté est celui-ci : première année, racines et
choux; deuxième année, froment et orge; troisième
année, trefle et vesce; quatrième année, froment.

Les travaux sont faits par quatre juments du pays,
qu'on n'a pas jusqu'ici utilisées comme poulinières.

M. de Falloux possède un four à chaux établi par son
père il y a quelques années, et qui fournit en abondance ce précieux amendement aux cultivateurs du
pays. Des curages d'anciens fossés, où séjournaient

depuis longtemps des détritus précieux, des terres provenant des nivellements, avaient procuré une quantité considérable de terreaux, qui ont été d'un grand secours pour l'emploi de la chaux. Les fumiers d'un nombreux bétail et le guano, semés sur les fourrages d'été et sur la partie basse de la prairie, ont porté le rendement des terres à un haut degré de fertilité.

La charrue du pays, très-lourde, difficile à mouvoir et ne faisant qu'écorcher la terre, a été remplacée par la charrue Bodin d'abord, ensuite par le brabant double. Nous avons vu des labours qui atteignent trente et trente-cinq centimètres de profondeur. Les planches, succédant aux sillons, permettent l'emploi de la houe à cheval. Les racines sont magnifiques et disent assez que la terre est saturée d'engrais. La charrue de Brabant a cet avantage que, s'enfonçant profondément dans le sol, elle diminue les frais de culture. Ainsi, au Bourg-d'Iré, les céréales se sèment sur un seul labour. La sole destinée aux racines en reçoit deux : l'un à l'automne, l'autre au printemps. La herse Valcourt, un scarificateur et un rouleau complètent le matériel de labourage. Au commencement du printemps, on donne un coup de herse aux céréales.

A la suite d'expériences renouvelées et concluantes, les semences de blé sont passées au sulfate de cuivre; l'opération coûte 40 centimes l'hectolitre. Les céréales sont semées en ligne avec le semoir Bodin. Dans le pays, on sème généralement à raison de deux hecolitres à l'hectare ; cette proportion a été réduite de plus de moitié. La moyenne du rendement en blé s'élève à trente-cinq hectolitres.

La moisson se fait encore à la faucille; six ouvriers du pays, familiarisés avec cet instrument, peuvent couper un hectare par jour, à raison de 16 francs. On comprendra que, pour une sole de sept à huit hectares, cette méthode soit suffisante. La coupe des foins se fait par la faux et à la tâche, moyennant 10 francs l'hectare. La fenaison s'opère aussi à la main, par les ouvriers de la ferme. Depuis peu on a introduit au Bourg-d'Iré le râteau à cheval. Il nous semble que l'étendue des prairies permettrait l'achat d'une faucheuse et d'une faneuse. Ce dernier instrument est déjà commandé chez un mécanicien de Segré, M. Guilleux, qui doit combiner les deux systèmes de Smith et de Nicholson. Il est d'un bon exemple de faire fabriquer dans le pays même les instruments nouveaux, le paysan étant plus à même d'apprécier ce qu'il voit faire sous ses yeux. M. de Falloux, récoltant environ cent quatre-vingt mille kilogrammes de foin, en livre une partie aux consommateurs de la ville voisine. Les grains sont battus, tararés et mis en grenier immédiatement après la moisson.

Nous arrivons maintenant à la production animale. Comme nous l'avons dit, les étables contiennent soixante bêtes à cornes; c'est donc une tête de bétail que nourrit à l'hectare le domaine du Bourg-d'Iré. Le

père de M. de Falloux avait importé dans son canton
la race durham. Les bons effets produits par le croisement de cette race avec celle du pays engagèrent le
fils à continuer l'œuvre paternelle. La vacherie de pur
sang présente quelques beaux types, en petit nombre
cependant. *Werther*, un des meilleurs taureaux venus
en Anjou, où ses produits se sont fait remarquer entre
tous par une finesse et une précocité incomparables,
a fini ses jours au Bourg-d'Iré, où il a laissé des traces
heureuses de son passage. Mais il est temps qu'on lui
trouve un successeur ; car autant il importe peu, lorsqu'on n'a en vue que l'opération du croisement, que
les reproducteurs soient plus ou moins parfaits, ou
d'une famille plus ou moins renommée, autant il est
essentiel, pour conserver à la race pure toutes ses
qualités, de n'employer que des animaux d'un sang
célèbre et de formes accomplies. Les taureaux du
Bourg-d'Iré sont bien suffisants pour opérer la transformation de la race locale, but que M. de Falloux a
atteint avec un plein succès. Les trois coupes d'honneur
obtenues à Poissy par cet agronome distingué, et les
cent vingt médailles conquises par lui dans les différents concours, en disent plus, à ce sujet, que les
éloges que nous pourrions faire de l'étable qui nous
occupe. Mais la distinction qui vient de couronner
l'œuvre de l'ex-ministre de l'instruction publique lui
impose des devoirs qu'il saura certainement remplir.
La somme de 5,000 francs déposée dans la coupe ne

saurait être mieux employée, vu la situation satisfaisante des cultures, qu'à l'acquisition d'un taureau de grand mérite.

Les prix de vente des animaux de pur sang varient, selon l'usage, de 500 à 2,000 francs pour les mâles, et de 500 à 1,500 pour les femelles. Les bœufs de croisement sont vendus à deux ans, aux engraisseurs normands ou vendéens, au prix de 1,000 à 1,500 francs la paire. De semblables résultats n'exigent pas de commentaires et mettent suffisamment en lumière les heureux effets du croisement.

Les succès dont nous parlions tout à l'heure indiquent que M. de Falloux se livre aussi à l'engraissement. Le pâturage et la stabulation se succèdent chez lui, selon la saison. Pendant l'hiver, la nourriture est le plus souvent donnée cuite aux animaux ; elle se compose de choux, de racines et de foin ; la paille n'entre pas dans l'alimentation. Des rations de farineux et de tourteaux sont distribuées aux bœufs à l'engrais.

Le domaine entretient aussi un petit troupeau de moutons southdowns, destiné à l'amélioration de la race du pays. La porcherie se compose de verrats newleicesters et de coches craonnaises, dont les produits métis entretiennent le ménage du château et celui de la ferme. Le surplus est vendu aux alentours.

La comptabilité, simplifiée autant que possible, offre tous les renseignements désirables. En 1850, une estimation, faite par deux experts, porte à 5,600 francs la valeur des animaux du domaine ; le revenu y était estimé 2,500 francs en moyenne.

Voici maintenant le tableau récapitulatif des recettes et dépenses :

Recettes.	205,615 fr.	45 c.
Dépenses.	105,350	35

La moyenne est donc par année :

Recettes.	34,269	24
Dépenses	17,558	39
Soit un revenu net de.	16,710	85
Somme qui constitue une augmentation de.	12,500	»

Défalcation faite des primes obtenues dans les concours, on trouve encore un revenu de 200 francs par hectare. Le cheptel vivant représente, à dire d'expert, un capital de 35,000 francs. Le mobilier, machines et instruments, est estimé 8,000 francs.

Les soins donnés par M. de Falloux à son exploitation se sont étendus à toute sa terre, d'une contenance de sept cent dix-sept hectares. Une partie, principalement celle qui, plus rapprochée, pouvait recevoir l'impulsion de la ferme, que nous appellerons *modèle*, à juste titre est soumise au métayage ; les autres sont louées par baux de dix-huit à vingt ans. Il sera certainement curieux de comparer un jour les résultats obtenus par deux modes d'exploitation sur la même propriété et dans des conditions analogues.

Pour nous résumer, nous dirons que les exemples donnés par M. de Falloux sont de nature à imprimer aux fermes qui l'entourent un élan qui peut conduire le département tout entier à une rénovation complète des procédés suivis jusqu'ici. Cette impulsion a commencé à porter ses fruits, et c'est ce résultat heureux pour le pays que le jury a voulu récompenser chez M. de Falloux, tout aussi bien que ses succès personnels.

Pour rendre à chacun ce qui lui est dû, nous ne pouvons quitter le Bourg-d'Iré sans dire que c'est à M. Lemanceau, élève de la ferme école de la Mayenne et régisseur des biens de M. de Falloux, que le lauréat de la prime d'honneur doit l'exécution parfaite d'un plan tracé par la haute intelligence de l'ancien représentant du département de Maine-et-Loire.

II

M. le comte d'Andigné de Mayneuf, très-bien secondé par son régisseur M. François, dont le nom seul en Anjou est synonyme de bon cultivateur, a réalisé dans son domaine des Aillers des améliorations culturales importantes. Nous ne pouvons en parler en détail, car elles sont, à peu de choses près, de même nature que celles de son concurrent plus heureux.

La contenance de la ferme est de cinquante et un hectares; louée à moitié fruit jusqu'en 1856, elle produisait environ 2,000 francs, impôts déduits. Aujourd'hui, la seule vente annuelle des animaux s'élève à 8,000 francs! Les différentes parties de l'exploitation méritent également des éloges. Les constructions sont vastes, bien éclairées, mais sans luxe. Les machines, les instruments, tels que la faucheuse-moissonneuse de MM. Burgess et Key, importée dans le pays par M. d'Andigné, la charrue de Brabant et le râteau à cheval, sont parfaitement appropriés aux besoins de la localité. L'installation des fumiers est une des meilleures que nous connaissions. Un massif d'arbres les protége des ardeurs du soleil et des grandes masses d'eau. Une fosse reçoit le purin provenant des étables et des tas de fumier. L'engrais liquide est transporté sur les prairies naturelles et artificielles.

La couche arable, où domine l'élément calcaire, repose sur un sous-sol schisteux. L'assolement est le même que celui du Bourg-d'Iré ; mais les terres des Aillers, quoique de première qualité, ont plus de consistance et nécessitent plus de façons et une force plus considérable dans les attelages. M. François donne au minimum trois et quelquefois quatre labours à la sole destinée aux plantes sarclées. On sème à la volée, à raison d'un hectolitre et demi. Là enfin les betteraves sont repiquées et les choux plantés à la charrue. La moisson se fait à la faucille.

Les magnifiques récoltes que nous avons vues témoignent des excellents procédés de culture employés par M. d'Andigné. Les betteraves donnent en moyenne près de cinquante-mille kilogrammes à l'hectare ; le blé, qui leur succède, sans addition d'engrais, rend ordinairement quarante hectolitres. Les pommiers ont donné, en 1860, pour 1,400 francs de cidre.

Si, après avoir parcouru les champs, les prairies parfaitement entretenues, vous rentrez dans les étables, c'est alors que vous pouvez juger que ce n'est pas sans gloire que M. de Falloux a triomphé de son rival du Lion-d'Angers. Nous n'hésitons pas à le dire, l'étable des Aillers est certainement la plus belle que nous connaissions. C'est la race durham qui a été choisie pour type améliorateur, et son efficacité a été complète, merveilleuse. L'élément pur n'y domine pas, mais il est de bonne qualité. Un taureau venu de chez Jonas Webb y a laissé d'excellents rejetons. Mais ce qui est vraiment intéressant, c'est l'examen des sujets issus du croisement. Plusieurs animaux sont arrivés à un degré de perfection telle, qu'au point de vue de la régularité des formes et de l'ampleur, de la finesse de l'ossature et de la peau, le métis, *considéré comme bête de boucherie*, n'a plus rien à envier à la race pure. Jamais encore il ne nous était arrivé, en France, de confondre un métis avec un animal de pur sang ; eh bien. c'est ce que nous avons fait aux Aillers. Certaines vaches nous ont rappelé celles que nous admirions dans les pâturages de Windsor, naguère encore. La vacherie de la reine d'Angleterre, une des plus considérables comme une des plus belles du royaume uni , n'est guère composée que d'animaux non tracés au *Herd-book ;* mais elle se maintient à un degré de perfection au moyen d'un taureau de pur sang d'une grande origine. Telle sera aussi celle de M. d'Andigné.

Pour nous résumer, nous dirons que le revenu net de la ferme des Aillers, pour l'année 1860, s'est élevé à 8,561 francs, soit en moyenne 165 francs par hectare. Depuis cette époque, il doit avoir été dépassé, à la suite de ventes de bestiaux avantageuses. M. d'Andigné estime que le revenu ne peut être porté à cette heure à moins de 230 francs l'hectare. Lorsqu'on compare ce prix à ceux du pays, où l'hectare se loue 60 à 70 francs, on ne peut que féliciter M. d'Andigné des succès qu'il a obtenus dans les différents concours, et lui savoir gré du bien qu'il fait en répandant autour de lui les meilleurs enseignements.

M. François peut être aujourd'hui classé parmi les éleveurs les plus habiles de notre pays, et il lui revient une large part des éloges que décernent à l'exploitation, que nous venons d'examiner en courant, tous ceux qui la connaissent.

Il nous resterait à parler des établissements de M. Boutton-Lévêque, dont le nom s'est acquis une réputation bien méritée, et sur les hippodromes, et dans les concours; de ceux de MM. de Jousselin, du Baut, de la Devansaye, de Quatrebarbes et Gauchet; mais nous n'avons pas eu la bonne fortune de les visiter.

VIII

L'AGRICULTURE A L'EXPOSITION DE LONDRES

I

LA SOCIÉTÉ ROYALE D'AGRICULTURE

L'agriculture européenne tenait aussi cette année ses assises à Londres. Le gouvernement anglais n'avait point appelé l'industrie agricole au palais de Kensington, mais une association puissante, la *Société royale d'agriculture*, avait eu la pensée de combler cette lacune en conviant toutes les nations de l'Europe à un concours international.

On sait que dans aucun autre pays l'esprit d'association n'a produit d'aussi féconds résultats qu'au delà de la Manche.

Les meetings, les clubs de toutes sortes sont en per-
manence dans les différentes villes du royaume uni.
L'Anglais tient à mener à bonne fin tout ce qu'il entre-
prend et pense que, pour faire fructifier une œuvre
quelconque, il est bon de réunir les efforts d'un grand
nombre. Aucun peuple, par exemple, n'a fait autant
pour l'amélioration des espèces animales soumises à
l'homme que le peuple anglais. Pendant que nous négli-
gions les nôtres, que, sans idées arrêtées, sans principes, nous mélangions indistinctement toutes nos
races, ne prenant pour guide que les caprices du
hasard, les Anglais perfectionnaient les leurs, souvent
en nous empruntant les nôtres, du moins en ce qui concerne l'espèce canine. Nous avons pu nous en convaincre
au *Dogs-schow*, que nous avons voulu visiter aussi pendant notre séjour à Londres. Ce qui nous a particulièrement frappé, au milieu de sept à huit cents chiens de
toute race, depuis le *king's-Charles* jusqu'au *mastiff*,
qui jappaient ou hurlaient dans la vaste enceinte, ce sont
les familles de *pointers*, dont quelques-unes sont certainement venues de France, et les chiens que les plan-
teurs américains lancent à la poursuite des esclaves en
fuite. Cette dernière race, d'un fauve clair, avec le mu-
seau et le tour des yeux noirs, n'a pas, comme on pourrait
se l'imaginer, l'aspect féroce. La grande taille massive de ces *blood-hounds* pourrait seule inspirer la
crainte.

Nous ignorons comment cette race a été formée, mais

nous supposons, d'après sa construction, qu'elle est le produit de ces énormes chiens gris fauve qui traînaient jadis dans nos villes les petites charrettes des boulangers et du chien courant du haut Poitou. La tête aux longues oreilles rappelle tout à fait celle des fameux limiers de cette province, devenus fort rares aujourd'hui. En effet, ce n'est point un caractère féroce dont le propriétaire d'esclaves a besoin pour ramener sa *marchandise* à l'habitation. Ce qu'il lui faut, c'est surtout un animal doué à la fois d'une grande force musculaire pour résister à l'agression, s'il y a lieu, et d'un *très-haut nez*, qualité qui distingue le chien poitevin. Une scène de ce genre a été très-bien rendue par le peintre anglais Ansdell. Son tableau, qui impressionne péniblement, représente un esclave enchaîné et une femme portant dans ses bras un enfant. Les fugitifs ont été découverts dans les hautes herbes par deux chiens tels que ceux que nous venons de dépeindre. Ces animaux gisent à terre baignés dans leur sang, frappés à mort par l'esclave parvenu à sé débarrasser d'une de ses chaînes et armé d'un poignard.

Mais revenons à la Société royale; parlons de sa fondation et de l'influence qu'elle a exercée sur le progrès agricole. C'est du sein même du club de Smithfield, fondé en 1798 par quelques agriculteurs éminents de l'époque, entre autres par le célèbre Arthur Young, qu'elle est sortie. La première de ces deux associations a pour but l'encouragement de la production de la viande et donne chaque année à Londres des prix considérables aux engraisseurs. Le 11 décembre 1837, son président, lord Spencer, en rappelant dans son discours les heureux résultats obtenus par leur association, émit l'idée de la fondation d'une société ayant pour objet de stimuler chez les agriculteurs l'emploi de meilleures pratiques d'élevage et de culture, et chez les constructeurs de machines la fabrication d'instruments perfectionnés. Le duc de Richemond donna son adhésion et son concours à ce projet, et la même année l'œuvre était fondée. Le 26 mars 1840, la reine octroyait à la Société une charte où sont consignés les priviléges et le but de la corporation. Les différents articles de ce document sont résumés en quelques lignes placées en tête du règlement de la Société.

« La Société d'agriculture d'Angleterre, y lit-on, a été fondée dans le but de perfectionner le système d'agriculture en Angleterre, par l'union de la science et de la pratique ; par la collection et la dissémination des faits nouveaux et importants sur la culture du sol, la théorie des assolements et l'administration générale des produits de la terre ; l'amélioration des races et le traitement de leurs maladies ; la perfection graduelle des différentes opérations de l'agriculture, ainsi que des machines et instruments agricoles ; enfin, l'amélioration de la condition morale et matérielle des ouvriers des campagnes. »

Poser les bases d'un programme aussi large, c'était,

pour ainsi dire, ajouter une page à la constitution même du royaume, c'était mettre en jeu des forces nouvelles, c'était travailler au bien-être moral et matériel des populations rurales, c'était puiser aux sources vives du sol de la patrie, d'où devait découler un jour une prospérité agricole encore inconnue jusqu'ici!

L'appel des fondateurs fut entendu d'un grand nombre; au bout de quelques mois mille noms figuraient sur la liste des membres et cent mille francs étaient déposés dans la caisse! Le premier soin de ces hommes d'initiative fut la création d'un concours annuel de reproducteurs, de machines, d'instruments et de produits. Il fut résolu que cette lutte pacifique entre les enfants d'un même pays aurait lieu alternativement dans les différents centres du royaume. Cette idée heureuse devait créer un foyer de propagande salutaire; les résultats ont été depuis à la hauteur de la conception. La science ne fut point oubliée dans le programme : des professeurs de chimie et d'art vétérinaire furent attachés à la Société et chargés de faire des cours, imprimés ensuite dans ses annales. Ce recueil, formant à cette heure près de vingt volumes, contient des travaux importants sur les différentes branches de l'industrie agricole, qui forment, pour ainsi dire, l'histoire de l'agriculture anglaise tout entière. Les mémoires de MM. Pusey, Way et Woelcker, ne sont pas les moins instructifs ; ceux du savant professeur de Circester, dont M. de la Tréhonnais nous a donné la traduction dans sa *Revue agricole de l'Angleterre*, ont fourni des données précieuses dont la pratique a largement profité.

L'institution ne tarda pas à devenir très-populaire, le nombre des membres de la Société et le chiffre des recettes provenant de l'entrée des visiteurs s'accrurent largement. Cette situation florissante permit donc de décerner des primes importantes aux animaux; on en institua pour les meilleurs procédés de drainage, pour la composition et l'application des engrais et des composts. Une grande prime de 2,500 fr. fut aussi décernée, en 1858, à M. Fowler pour son système de culture à vapeur. En outre, les membres de la Société, moyennant une cotisation annuelle d'une livre sterling, peuvent s'adresser aux professeurs de chimie et d'art vétérinaire pour l'analyse des engrais, pour la consultation sur les maladies graves de leurs troupeaux, et reçoivent gratuitement les livraisons du journal.

Comme on le voit, l'honorable tâche commencée par quelques sommités a été continuée par l'élite de toutes les classes tenant à la terre, de près ou de loin. Les grands seigneurs, les petits propriétaires, les industriels, les fermiers, ont associé leurs efforts dans cette œuvre de civilisation, menée à bonne fin, à la plus grande gloire du plus utile de tous les arts.

Si on est pris d'admiration en assistant à un semblable spectacle, on se sent aussi profondément humilié et triste en songeant que dans un pays comme le nôtre, où l'agriculture est une des bases de notre puissance, rien d'analogue à ce que nous venons de dire n'a été créé. Quels sont les grands progrès accomplis à l'ombre d'une institution qu'on nomme la *Société impériale et centrale d'Agriculture?* Quels sont ceux de ses travaux, celles de ses découvertes scientifiques dont les cultivateurs français aient profité? Quelles sont ses œuvres? Quelles sont les provinces qu'elle a visitées, les exploitations qu'elle a désignées comme modèles? Quelles sont les races qui se sont améliorées sous ses auspices? Quels sont les éleveurs et les fabricants qui ont émargé à son budget? Qui lit, s'il existe, l'organe d'une assemblée si importante?

Certes, le gouvernement, par la création des concours régionaux, a donné satisfaction à bien des besoins, et il faut reconnaître que chaque année les programmes s'améliorent sensiblement; mais il n'en est pas moins vrai qu'une société d'agriculture vraiment nationale aiderait puissamment au progrès.

II

L'ESPÈCE CHEVALINE

C'est sur la rive droite de la Tamise, dans le parc de Battersea, que la Société royale d'agriculture avait planté sa tente. L'installation était parfaitement entendue et complète. Comme toujours, des buffets avaient été organisés, et on pouvait facilement passer là sa journée sans souffrir de la faim. Les chevaux, les moutons et les porcs étaient placés dans des boxes confortables, et les produits de l'espèce bovine rangés dans des stalles. Des bassins et des fontaines, établis sur plusieurs points, facilitaient le travail des gens de service.

Commençons par l'espèce chevaline. Des écuries avaient été construites autour d'une immense pelouse. Entre deux et quatre heures avait lieu la promenade des chevaux, tenus en main par des palefreniers. Cette exhibition, faite au pas, puis au trot, facilitait considérablement l'étude des animaux. Des chaises placées autour de la corde qui séparait le public de la piste permettaient de jouir sans fatigue de cet intéressant spectacle. Nous espérons que cette heureuse innovation aura frappé M. Porlier, l'habile organisateur de nos concours.

Si l'on excepte un seul cheval français, les races anglaises seules avaient répondu à l'appel et formaient un effectif de près de trois cents chevaux. On peut diviser l'espèce chevaline du royaume uni en cinq catégories :

1º Celle des chevaux dits de pur sang,
2º Celle des trotteurs,
3º Celle des poneys,
4º Celle des clydesdales,
5º Celle des suffolks.

En dehors de ces grandes divisions, le programme avait ajouté trois autres classes : celle des chevaux de chasse, celle des carrossiers et celle des chevaux de culture formés de races diverses.

Tout le monde connaît cette admirable race dont on désigne les produits sous cette appellation, chevaux de pur sang. Tous les auteurs ne sont pas d'accord sur son origine. Les uns veulent qu'elle ne soit autre chose que la race arabe modifiée par le climat, la nourriture et l'entraînement. D'autres, au contraire, pensent qu'elle est le produit d'un croisement du cheval oriental avec la race locale, quelques-uns disent la race flamande. Les familles les plus célèbres ont pour ascendant, les unes *Godolphin-Arabian*, les autres *Darley-Arabian*, étalons orientaux auxquels on a donné le nom des deux lords qui les avaient importés dans leur pays. C'est à ces hommes, et surtout à la

persévérance des éleveurs, l'une des qualités domi-
nantes du peuple anglais, que l'Europe tout entière
doit la prospérité de ses races légères.

Quoique un chroniqueur français prétende, à la date
du 12 juillet, que la race de pur sang ne figurait point
à l'exposition de Battersea-Park, nous disons que dans
aucun concours anglais nous ne l'avions vue si bien
représentée. Comme il est impossible que ces magnifiques animaux n'aient pas été remarqués par notre
confrère peu expérimenté, il eût dû nous dire dans
quelle race il les avait rangés?

Un cheval attirait surtout l'attention des visiteurs,
c'était le fameux *Ellington*, vainqueur du derby
anglais en 1856. Cet admirable étalon noir zain est né
dans le Yorkshire, chez l'amiral Harcourt; par son
garrot élevé, sa poitrine profonde et ses muscles puissants, il rappelle son père *The Flying-Dutchman*. De
plus que ce dernier, actuellement en France, il a une
bonne tête et un rein excellent que l'âge n'a pas encore
eu le temps de déprimer.

Venait ensuite dans l'esprit des juges, et nous nous
garderons bien de les contredire jamais, *The Mario-
nette*, qui, avec un peu plus de longueur d'encolure,
serait un des plus beaux types imaginables. Il est bai
brun, avec une petite liste en tête, admirablement
membré et possède un rein, des hanches et des cuisses
qui en font un cheval remarquable. Quatre chevaux
méritent encore d'être cités hors ligne : *Sir John*

Barleyrcorn, par *Baron ; Young-Touchstone*, étalon très-fort et d'un sang illustre ; *King-Brian*, un irlandais bai brun zain, qui ferait un excellent étalon de croisement pour la France, et *M. Sliggins*, par *Muley-Moloch*. Ce dernier étalon, aux membres un peu légers, est très-estimé dans le Yorkshire ; son cou était orné d'un collier d'où pendaient de nombreuses médailles. Les éleveurs n'avaient point amené de juments de pur sang. En effet, à cette époque de l'année, peu de poulains sont déjà sevrés, et ces jeunes animaux ont aussi trop de valeur pour les exposer aux chances d'un long voyage.

On sait ce que nous pensons de la race dite de pur sang ; nous avons prouvé maintes fois dans *la Presse* et ailleurs qu'elle est, avec la race arabe, le type améliorateur par excellence des races légères ; nous passerons donc de suite à la catégorie des *hunters*. Elle se compose de reproducteurs de pur sang qui, pour causes diverses, n'ont pu se signaler sur les hippodromes, et d'animaux qui, ayant quelques alliances douteuses dans leur généalogie, n'ont pas été inscrits au *stud-book*. Le prix de leurs services étant, pour ces raisons, beaucoup plus modéré que celui des héros du *turf*, ce sont eux qui concourent pour la plus large part à l'amélioration directe des chevaux de luxe et de guerre.

Parmi les plus remarquables de ces derniers, nous citerons *Horatio*, un vieux cheval par *Caïn ; British-Statesman*, étalon bai brun zain, très-près du sang.

âgé de cinq ans seulement et construit en véritable
hercule; ce reproducteur parfait appartient à M. Man-
ning, à Wellingborough (Northamptonshire); *Billy-
Barlow*, poulain de trois ans à M. Cooper, d'Halesworth
(Suffolk); il est bai cerise zain, sa tête est belle, son encolure un peu chargée, son rein large et bombé, ses
membres courts et forts; enfin, *Grey-Priam*, joli étalon
de six ans, à M. Pearson, d'Aspatria (Cumberland).

Dans cette catégorie, six poulinières suitées étaient
tout à fait remarquables : l'une alezane, par *Bay-Mid-
leton*, appartenant à M. Hauxwell, à Thirsk (Yorkshire);
Barbara, par une fille de *Rubens*, à lord Berners,
dans le Leicestershire, le pays par excellence de la
chasse à courre; *Lady Bird*, à M. Robinson du Yorkshire;
Krafty et *Jessie*, deux juments splendides, d'une force
extraordinaire et d'une grande distinction, la dernière
à M. Peel, à Clitheroe (Yorkshire); enfin, *Kitty*, la
doyenne du concours, célèbre d'abord dans le *Fox-
Hunting*, et ensuite mère de poulains dignes d'elle.

La catégorie des carrossiers était moins bien représentée, et nous passerons de suite à la race des trotteurs du Norfolk, appelée généralement *roadster*.
Avant l'établissement des chemins de fer, cette race
était plus répandue qu'elle ne l'est actuellement.
Comme son nom l'indique, ce cheval était spécialement
destiné à faire un service de route, soit attelé, soit
monté. C'était le cheval d'attelage du fermier, du voyageur de commerce; il concourait aussi au service de

la poste. Ces animaux peuvent lutter de vitesse avec les trotteurs américains et donnent lieu, dans le pays, à des paris importants. Ils sont de taille moyenne et généralement gris ou rouans, puissamment musclés et fortement membrés. Ils manquent, pour la plupart, de distinction, leur tête est souvent busquée, leur encolure courte et leur croupe avalée. Il y a seulement quinze ans, un étalon de cette race avec une jolie tête et l'encoluré longue était fort rare. Dans un voyage que nous fîmes dans le Norfolk en 1850, nous ne pûmes en trouver qu'un seul tel que nous le désirions. Comme il était d'un prix considérable, nous dûmes nous rejeter sur un *hunter*, fils de *Old-Gainsborough*. *Man-Friday* était un cheval de chasse en même temps qu'un trotteur remarquable; il est encore dans les haras impériaux.

Cette race de trotteurs a cependant été l'objet d'améliorations à plusieurs reprises. A une époque déjà reculée, certains éleveurs avaient essayé d'un croisement avec l'étalon arabe. Une famille désignée sous le nom de *Shales* a donné des produits très-distingués. Nous-même avions acquis, il y a quelques années, dans les environs de Norwich, une poulinière sortie de cette souche. Sa robe grise truitée comme celle des arabes de Mascate, son front carré, son œil large et bien sorti, abrité par un long toupet presque noir, son encolure légère, sa croupe horizontale, sa queue bien attachée, ses membres d'acier et ses allures extraordinaires en faisaient le type le plus parfait du genre. Cette *Shales* avait rapporté dans sa jeunesse des sommes énormes à son propriétaire en paris de courses au trot. Nous la découvrîmes dans une ferme, attelée à une charrue et affublée d'un mauvais collier en jonc, ce que les paysans angevins appellent une *paronne*. La pluie et le terrain détrempé l'avaient couverte de boue; mais sa tête intelligente et ses veines saillantes nous avaient révélé de suite son origine aristocratique.

Cependant le croisement avec l'étalon oriental fut abandonné, probablement parce qu'on avait remarqué que la rapidité des allures en avait souffert. Dans ces dernières années, les trotteurs ont été très-améliorés par une sélection intelligente; plusieurs des *roadsters* exposés à Battersea-Park étaient très-distingués. Celui qui nous a le plus frappé est un étalon rouan, âgé de dix ans, près de terre, avec une tête légère et une longue encolure; *Young-Pride of England*, à M. Craven de Manchester, n'a cependant pas été primé. En consultant son *pedigree*, nous voyons qu'il a, par sa mère, du sang de *Comus*, étalon de pur sang. Il est probable que le jury n'aura pas voulu encourager par une récompense un cheval amélioré par le croisement. Un *roadster* également rouan, à M. Brown, à Hekfield (Sussex), moins élégant que celui dont nous venons de parler, présentait parfaitement le type des chevaux de Norfolk.

Le premier prix a été remporté par *Merry-Legs*,

étalon de dix ans, à M. Johnston, de Sleaford (Lincoln.)
Le deuxième appartenait à M. Huntington, à Ely (Cambridgeshire). *Buck-Merry-Legs*, âgé de cinq ans, à
M. Denis Tophan Moss, de Leeds (Yorkshire), nous a
paru le plus complet après le rouan cité en premier
lieu. Nous remarquons qu'il a, par sa mère, du sang
des *Shales ;* il a obtenu une mention très-honorable.
Young-Douglas, à M. Cochrane, à Winchcomb (Glocestershire), est un animal commun. Il passe pour le premier trotteur d'Angleterre ; un avis inscrit sur la porte
de son box était ainsi conçu : « On engage *Y. Douglas*
pour n'importe quelle distance et contre n'importe
quel trotteur d'Angleterre. » *Lottery*, bai brun âgé de
quatre ans, manque un peu de distinction, quoiqu'il
soit fils de *Caton*, étalon de pur sang. Il n'y avait que
quatre poulinières de cette race.

Parlons un peu des poneys élevés dans les montagnes du pays de Galles, où ils sont l'objet de beaucoup
de soins. On fait en Angleterre grand usage de ces
petits chevaux ; on en voit dans toutes les écuries de
course ; ils y servent aux propriétaires et à leurs entraîneurs pour aller voir galoper les chevaux. C'est sur
le dos de ces poneys que les enfants font leur apprentissage et que les cultivateurs vont visiter leurs
laboureurs et leurs troupeaux. Dans la ferme, le poney
est sellé et bridé tout le jour. Rien de plus séduisant
que ces ravissants petits animaux. Aussi quelle foule
compacte et sans cesse renouvelée stationnait devant

13

le petit étalon isabelle aux crins blancs, réduction parfaite du cheval de Géricault. Comme les jeunes visiteuses d'Albion lui faisaient fête! Nous en avons vu nous-même plusieurs demander et obtenir la permission de monter sur le patient petit animal, qui semblait tout fier de ses succès. Où vit-on jamais aussi une bête plus élégante que cette ponette grise, fille d'une mère arabe?

Mais quittons les lilliputiens de l'espèce chevaline pour dire un mot seulement de ces monstres lymphatiques nés sur les bords de la Clyde, en Écosse. Ce sont les chevaux de roulage de l'Angleterre; ce sont eux qui traînent dans Londres les lourds tombereaux de houille. Nous n'avons point chez nous de race correspondante. Une taille démesurée, une tête longue et busquée, un corps massif, des jarrets étroits et empâtés, des membres souvent grêles, tel est le clydesdale.

Le cheval de labour de l'Angleterre est le suffolk. Les cultivateurs d'outre-Manche sont très-fiers de cette race; les nombreux échantillons qu'ils avaient exposés témoignaient des soins dont ils l'entourent. Le suffolk atteint la taille de notre percheron; il est alezan, sa tête est souvent busquée, son encolure assez longue, son rein et sa croupe sont larges et ses membres bien proportionnés. Cette race, d'un aspect séduisant, ne possède ni la vigueur, ni les allures, ni le fond de nos races percheronne et boulonnaise. Le laboureur et le charretier anglais ont développé chez lui un pas assez allongé, que nos chevaux de trait atteindraient aisément s'ils avaient affaire à des conducteurs moins nonchalants.

L'administration des haras avait envoyé deux de ses inspecteurs généraux à Londres pour y choisir quelques reproducteurs. Cependant, aucun des splendides animaux que nous venons de passer en revue n'a été acheté par eux. Ils ont toutefois fait choix de quatre étalons de gros trait, dont trois appartiennent à la race suffolk. Sans être des meilleurs, ces derniers ne sont cependant pas des pires. Un quatrième, sans type bien arrêté, tant il est informe, nous semble devoir être un clydesdale avorté. Rien de plus monstrueusement laid que ce soi-disant cheval, dont la construction a tous les caractères de celle du cochon tonquin. Aucun choix d'ailleurs ne pouvait être plus agréable aux défenseurs des races françaises de trait. L'étalon bai dont nous venons de parler semble fait tout exprès pour dégoûter à jamais des chevaux de trait de l'Angleterre les éleveurs français assez mal avisés pour vouloir importer ce type. Ainsi donc, nous remercions sincèrement l'administration d'avoir si bien servi nos opinions. Dans ce même convoi, se trouve un étalon bai, qu'on y qualifie de demi-sang. Quant à ce dernier, nous déclinons toute compétence et avouons humblement ne pouvoir découvrir son origine. Au point de vue de la race, cet animal ne semble appartenir à aucune, vice radical pour un reproducteur. Considéré comme individu, il peut bien valoir vingt-cinq louis pour traîner un remise. Une tête busquée et stupide, une épaule droite et empâtée, des hanches rondes, des jarrets coudés et des membres grêles, tel est l'étalon payé, dit-on, fort cher par... la France !

Ce convoi, d'ailleurs, a fait sensation à Londres comme à Paris.

Pour nous résumer, nous dirons qu'autant nous devons nous montrer jaloux des progrès que les Anglais ont fait faire à leurs races légères, autant nous devons être fiers de nos races de trait, les meilleures du monde entier. Un seul étalon percheron représentait la France chevaline ; encore était-il inférieur à quelques-uns des chevaux attelés à nos omnibus ; cependant une médaille d'or a été décernée à M. Desvaux, cultivateur d'Eure-et-Loir. Les Anglais reconnaissent la supériorité de nos chevaux de trait, et en décernant une récompense à l'étalon de notre compatriote, ils ont voulu rendre hommage et justice à la race dont il est issu.

Il est regrettable que la Russie, l'Allemagne et l'Espagne n'aient pas cru devoir envoyer quelques échantillons de leurs races. En dehors des dificultés du voyage, ces États auront sans doute redouté la comparaison avec les races anglaises. Quoi qu'il en soit de la supériorité du royaume uni sous ce rapport, l'étude de la production chevaline dans ces différents pays n'en eût pas moins présenté un vif intérêt. Nous eussions aimé à voir de près ces fameux trotteurs russes, les chevaux de l'Ukraine, puis ceux de Hongrie, enfin les différentes races allemandes, telles que celle de Traken, en Prusse, les hanovriens et les mecklembourgeois, très-améliorés dans ces dernières années.

III

L'ESPÈCE BOVINE

De toutes les exhibitions de Battersea-Park, celle de l'espèce bovine était la plus nombreuse. Il ne pouvait en être autrement, car on connaît la richesse de l'Angleterre en bêtes à cornes ; en outre, la France, la Suisse et la Hollande avaient envoyé quelques échantillons de l'espèce. Quoique nous n'ayons pas à discuter quelles sont les bases sur lesquelles on doit s'appuyer pour classer les différentes races de l'Europe, il ne nous paraît pas hors de propos de dire quelques mots de ces classifications.

Plusieurs auteurs ont pensé que le bétail devait être

divisé par zones : 1° celui des plaines, 2° celui des hau-
teurs moyennes, 3° celui des montagnes. Nous pensons
que cette division ne peut engendrer que la confu-
sion. En étudiant les différentes races, nous voyons
que certaines formes, certaines qualités se rencontrent également dans les races de contrées montagneuses
et dans celles de pays plats. Les races de la Suisse,
par exemple, ne sont-elles pas aussi bonnes laitières
que celles de Hollande ? N'avons-nous pas aussi des
races qui, dans des conditions analogues, présentent
plus spécialement, les unes des aptitudes à l'engraissement, les autres des dispositions à la sécrétion du lait?
Cette classification est tellement fausse que Thaër, qui
l'avait adoptée, se voit souvent forcé d'y introduire de
nombreuses exceptions. La nourriture et les habitudes
d'un pays agissent fortement sur les races. Ainsi,
dans les localités où on emploie le bœuf comme bête
de travail, on cherchera à produire des animaux faits
d'une certaine façon, tandis qu'à côté, où il n'est
considéré que comme bétail de rente, on lui voudra
une autre construction.

Diviser les races d'après les pays, c'est-à-dire en
races françaises, anglaises, etc., serait encore plus
irrationnel, puisque vous rencontrez dans les mêmes
contrées des races entièrement dissemblables. Il nous
semble plus naturel de diviser les races bovines de
l'Europe d'après certains caractères. L'un de ceux qui
ont le plus de persistance, qui se perpétuent le plus faci-

lement, est certainement celui de la robe. Il sera facile à tout homme qui s'est occupé de croisements de se convaincre de cette vérité. Cette remarque s'applique également aux races chevalines. Ce qui corrobore ces observations, c'est de voir tous ceux auxquels les connaissances zootechniques font défaut s'appuyer sur les couleurs pour apprécier tel ou tel animal. C'est ainsi qu'à Poissy le boucher recherchera plus volontiers les bœufs gris, parce que c'est la robe des bœufs de Cholet, et qu'à la foire de Chartres le maquignon vendra plus cher un étalon gris qu'un noir, parce que la robe des percherons est plus généralement grise.

M. de Weckerlin, ancien directeur de l'Institut agronomique de Hohenheim, donne la classification suivante, qui nous paraît aussi la meilleure : 1° le bétail indigène gris du sud-ouest de l'Europe, que l'on doit regarder peut-être comme la souche originaire du bœuf commun provenant d'Asie ; 2° le grand bétail indigène rouge du nord-ouest de l'Europe ; 3° le grand bétail pie noir des pays du littoral de la mer du Nord ; 4° le grand bétail pie rouge et noir ou rouge de la Suisse et du Tyrol ; 5° le bétail brun noirâtre, gris blaireau de la Suisse et du voisinage. Il se distingue, même lorsque la robe est semblable à la race n° 1, par le signe caractéristique que ce bétail *boit dans son blanc*.

Malheureusement l'exposition bovine était encore très-incomplète à Londres, et de tous points inférieure à celle de Paris en 1860. Les races allemandes faisaient complétement défaut. Nous allons toutefois passer en revue les différentes races présentes dans le parc de Battersea, en suivant le catalogue.

Il faut bien le dire, les éleveurs de la Grande-Bretagne sont entrés, grâce à des causes multiples, dans une voie qui les a conduits à l'apogée de la perfection zootechnique. Un écrivain disait l'autre jour que ces derniers avaient fondu toutes leurs races dans un même moule; ceci n'est pas tout à fait juste. Quoique nous soyons, à l'égard de la plupart de nos races françaises, partisans du croisement avec la race durham, type complet et qui s'impose avec une grande force dès la première génération, nous dirons cependant que nos voisins ont su conserver à chacune de leurs races le caractère qui lui était propre. Tous certainement ont poursuivi le but de la plus grande production de viande possible dans un temps donné, mais pour l'atteindre ils ont appliqué un principe commun, la *sélection* dans la race elle-même. Si nous ne nous sommes pas rangés du côté de quelques esprits éminents, partisans de la *spécialisation*, c'est que justement la pratique nous a prouvé qu'on pouvait laisser aux différentes races quelques-uns de leurs caractères, tout en les amenant à ce type uniforme qui constitue les animaux précoces. Les qualités exigées pour faire un bon travailleur sont certainement les plus difficiles à maintenir dans un bœuf fabriqué en vue de la boucherie; mais nous dirons que c'est bien plutôt l'intérêt du producteur qui l'amènera à renoncer au travail du bœuf amélioré que l'impossibilité de se servir de ce dernier. En effet, lorsqu'une récolte est mûre, il est plus sage de l'enlever, non-seulement parce qu'elle n'a rien à gagner à rester en terre, mais aussi parce qu'on est à même de travailler le sol pour l'avenir ou de lui confier une nouvelle semence. Quant aux deux aptitudes, à la production de la viande et à celle du lait, elles ne sont point incompatibles ; il est reconnu, d'ailleurs, que les races qui ont le plus de propension à un engraissement prompt sont aussi celles qui fournissent le lait de meilleure qualité. La race durham nous fournit un exemple frappant de ce fait, puisque c'est elle qui peuple toutes les vacheries où on fabrique des produits laitiers. Il est bien entendu que nous ne voulons pas dire que le même sujet produira une grande quantité de lait en même temps qu'il engraissera. Non, mais nous ajouterons que la science nous a appris qu'une alimentation combinée avec certaines substances donnera des résultats en rapport avec le but que se propose l'éleveur. MM. Horsfall, Little-Dale et tant d'autres, propriétaires d'étables considérables aux environs des grands centres, ont fait à ce sujet des expériences intéressantes qui ont donné des résultats très-satisfaisants au point de vue de l'augmentation des produits.

On peut diviser l'espèce bovine de l'Angleterre en : 1° races à cornes longues, 2° à cornes moyennes, 3° à courtes cornes, 4° sans cornes. Les deux premières

13.

sont originaires du pays; la troisième est issue d'un croisement avec un bétail étranger, disent les uns; d'autres prétendent qu'elle est également indigène; quant à la quatrième, on est peu fixé sur son origine : c'est probablement une variété due au hasard.

Nous ne dirons que peu de chose du bétail à longues cornes, si ce n'est qu'après avoir été l'objet des soins du célèbre Bakewell, qui l'avait amélioré à ce point que de son temps les bœufs de Leicester étaient les plus renommés, il a été depuis abandonné dans toutes les contrées où l'agriculture est avancée. Nous excepterons toutefois les *highlands*, bœufs d'Écosse à longues cornes, qui, quoique d'une taille un peu au-dessus de la moyenne, donnent à l'abattoir une quantité de viande considérable et d'excellente qualité. Nous dirons même que la viande de ces animaux est de toutes la plus estimée au delà de la Manche. Ces derniers ont la peau un peu épaisse, mais un poil laineux très-recherché par les engraisseurs. Leurs membres courts et forts soutiennent un corps trapu, dont la robe est d'un noir mal teint. Ces différents caractères lui donnent un aspect un peu sauvage.

Les animaux à cornes de longueur moyenne sont arrivés à une grande perfection. C'est par une sélection minutieuse et constante, dont jusqu'ici les Anglais seuls ont donné l'exemple, que le *hereford* et le *devon* ont été améliorés au point où nous les voyons aujourd'hui. Les premiers sont plus grands que les seconds; leur robe est d'un rouge assez foncé, sans être cependant d'un ton très-uniforme; il ont souvent une liste en tête. Ils sont bien musclés et peuvent faire de bons bœufs de travail. Le labourage par les bêtes à cornes tendant à disparaître complétement, les éleveurs cherchent à diminuer la grosseur des os. Quant au rendement en lait, il est à peu près nul chez la race *hereford*.

Les *devons*, d'un rouge acajou, avec leur petite tête et leurs cornes minces et très-effilées, sont de char-- mants animaux. De toutes les races bovines, la race *devon* est peut-être celle qui offre chez ses produits le plus d'homogénéité : jamais dans sa robe vous ne ren- contrerez la moindre tache blanche ou noire. Sa taille est plutôt au-dessous de la moyenne de no s races françaises; sa peau est fine et souple et son poil bril- lant comme la soie, ses membres sont courts et minces. Cette race, quoique fort agile, et par conséquent très- apte au travail dans des terres légères, n'en est pas moins une très-bonne race de boucherie. Il n'y a guère que cinquante ans que les *devons* étaient encore dans une condition très-inférieure, mais à partir de cette époque, ils se sont ressentis des soins intelligents donnés par les agriculteurs anglais aux différentes branches de l'économie rurale. Dans ces dernières années, le prince Albert, qui aida si puissamment au progrès agricole du pays qui le pleure aujourd'hui, s'était spécialement occupé, dans une de ses fermes, de l'amélioration de la race *devon*, avec laquelle il remporta de nombreux succès.

Parmi les races de cette division, nous citerons encore les *ayr* que tout le monde connaît maintenant en France; ils correspondent, comme taille, à nos bretons, tout en les dépassant cependant. Ces petits animaux, généralement pie rouge, étaient, il y a un demi-siècle, comme tout le bétail du royaume uni, dans un état misérable. Aujourd'hui ils sont fort améliorés. Comment les éleveurs du comté d'Ayr ont-ils opéré dans cette régénération de la race? Voilà un point sur lequel on n'est pas bien d'accord. Il paraît cependant qu'elle est le résultat d'un croisement avec la race d'Alderney d'abord, et ensuite avec la race durham. Quant à nous, nous n'avons jamais conseillé le croisement de notre race du Morbihan avec celle de l'Ayrshire, cette dernière ne présentant pas de caractères de pureté assez déterminés. Plus nous l'examinons, plus aussi nous constatons le peu d'homogénéité qu'elle présente. Tout nous porte donc à croire qu'elle n'a point été améliorée par la *sélection*, mais bien par le croisement. Par conséquent, il serait dangereux, à moins qu'on ne veuille préparer le croisement final avec la race durham, d'introduire le sang du Ayr en Bretagne. D'ailleurs, quoique la vache d'Ayr donne un lait plus abondant que la bretonne, celui de cette dernière est infiniment plus butyreux, et il est fort douteux que la première soit plus laitière que la seconde dans les landes du Morbihan.

Nous avons parlé de la race d'Alderney; elle figurait aussi à Battersea-Park : c'est le bétail qui peuple les îles de la Manche. On ne connaît pas au juste l'origine de cette race, dite aussi de Jersey et de Guernesey. Ce qu'il y a d'à peu près certain, c'est qu'elle existe de temps immémorial. Son pelage est très-bigarré, le plus souvent cependant rouge fauve et blanc. Sa construction s'éloigne tout à fait de celle des animaux aptes à l'engraissement; toutefois, son ossature est assez fine. Elle peut être considérée comme une bonne race laitière; mais sa qualité principale est d'être beurrière plus peut-être qu'aucune autre. Aussi est-il de mode en Angleterre d'avoir sur la pelouse du jardin une vache d'Alderney pour fournir de beurre le ménage ; ce beurre est célèbre pour son goût exquis et sa belle couleur jaune.

Le bétail à courtes cornes ne forme qu'une seule race, celle de Durham, appelée plus communément *short-horned*. Elle est à cette heure très-répandue en Angleterre, dans les pays de haute culture, et ne comptait pas moins de deux cent quatre-vingts représentants à Battersea-Park.

L'opinion la plus accréditée en France est que la race durham est de formation récente, et que nous la devons au génie de Colling, agriculteur anglais qui vivait vers la fin du dix-huitième siècle. On pense aussi généralement qu'elle est le résultat d'un croisement des vaches des bords de la Tees avec des taureaux que cet illustre éleveur aurait fait venir de la Hollande. Cette version est maintenant complétement abandonnée par les gens qui ont fait des recherches sur l'origine de cette précieuse race, à laquelle l'Angleterre doit un des plus beaux fleurons de sa couronne agricole.

On peut affirmer aujourd'hui que la race durham existait de temps immémorial sur les bords de la Tees et que le mérite des frères Colling est d'avoir répandu une race qui était renfermée dans un district très-restreint. C'est à cette date seulement que remonte le *herd-book* ou arbre généalogique de cette famille des *short hornes*. Toutefois il paraît certain que la généalogie de types dont se servirent les Colling pour améliorer leurs troupeaux était parfaitement authentique et qu'elle s'était conservée par la tradition.

Un des premiers ancêtres de la race améliorée est le fameux *Hubback*, acheté chez un petit fermier des environs de Darlington, pour une somme très-minime, par Colling, qui avait été séduit par la construction de cet animal, possédant tous les signes qui caractérisent l'aptitude à l'engraissement : finesse de l'ossature, souplesse de la peau et ampleur de la poitrine.

Plusieurs familles sont sorties de la souche de *Hubback ;* une des plus célèbres est celle de *Dukess*, restée longtemps entre les mains de lord Ducie. Viennent ensuite celles de *Princess*, d'*Oxford* et de

Gwynne. On le voit, c'est à la ligne maternelle qu'on attache le plus d'importance, puisque c'est elle qui forme l'arbre généalogique : c'est qu'en effet les praticiens ont remarqué que les qualités qui distinguaient la race durham viennent toutes des femelles.

Tous les ans nous remarquons de nouveaux concurrents dans l'élevage de cette précieuse race; toutefois, ce sont encore deux des étables les plus célèbres qui ont remporté les deux médailles d'or, celles de MM. Jonas Webb et Richard Both. Le premier de ces deux éleveurs est connu dans le monde entier par les succès qu'il a obtenus dans l'amélioration des *southdowns*, mais tous ne savent pas que chez cet éminent agronome, l'étable était à la hauteur de la bergerie. La dernière des ventes si fameuses de Babraham s'est faite, il y a peu de jours, à des prix considérables. Chacun voulait avoir un des derniers vestiges de cette souche, d'où sont sortis les meilleurs troupeaux de *southdowns*. Nous avons été assez heureux pour y acquérir un magnifique bélier et un lot de brebis destinés à M. de Coulonges, jeune éleveur de la Mayenne, entré récemment dans la lice. L'étable de Babraham a été formée avec le produit de celles qui ont eu le plus de réputation, et s'est principalement recrutée dans les ventes de lord Spencer, de MM. Tanqueray, Beauford et lord Ducie.

Nous avons en France quelques sujets sortis des animaux les plus estimés de Babraham. L'étable bien connue de la Valette, près Château-Gontier, possède entre autres des descendants de *Boddice* par *Usurer* et plusieurs petits-enfants de ce célèbre taureau. J. Webb refusait, il y a quelques années, 8,000 francs d'une fille de *Boddice* et du *Duc de Glocester*. Tous ces noms désignent autant de célébrités dont on peut acheter les produits les yeux fermés. En effet, lorsqu'une race est arrivée à ce degré de perfection, c'est surtout à la famille qu'il faut avoir égard dans le choix des reproducteurs. A cette heure, les Anglais discutent sur la construction et le sang de leurs animaux de boucherie, comme ils le font sur le turf à propos du cheval. Ces jours passés, à Battersea-Park, nous aimions à suivre les instructions que donnait à ses auditeurs, le si affable si intelligent et si regretté J. Webb, lorsqu'il faisait lui-même, à quelques privilégiés, les honneurs de ses animaux. Que ne valent pas les leçons d'un tel maître !

En somme, l'exposition des durham était satisfaisante et présentait un ensemble admirable; mais nous devons dire que nous n'avons rien vu d'exceptionnellement beau. Ainsi le taureau blanc de M. J. Webb ne vaut pas, à notre avis, le premier prix de Canterbury en 1860, appartenant au colonel Towneley, quoique son propriétaire en ait refusé devant nous 25,000 francs ? De même que la vache de M. Booth n'a pas la distinction des génisses également exposées à Canterbury par le capitaine Gunter.

Nous finirons avec les races bovines anglaises en disant que les animaux noirs sans cornes d'Angus étaient excellents. On a pu admirer au mois de mars, à Poissy, cette magnifique race écossaise, d'un poids énorme et d'une qualité de viande parfaite. Là-bas, comme ici, M. Mac Combie, d'Aberdeen, s'est particulièrement distingué, en compagnie du comte Southesk et de plusieurs autres encore.

Il nous reste à parler des races suisses, hollandaises et françaises. La première était représentée par soixante animaux portant à leur cou une clochette dont le tintement monotone peut paraître agréable dans un récit champêtre, voire même à l'oreille du touriste, mais produisait à Battersea-Park une musique plus propre à éloigner qu'à attirer les visiteurs. Il y a en Suisse plusieurs races, dont deux sont très-distinctes, celle de Schwitz et celle de Fribourg. Ce sont celles qui figuraient à l'exposition de Londres. Les autres, telles que les petites races d'Oberland et d'Uri, entretenues sur les hautes montagnes pour la production du lait, étaient absentes.

Le bétail de Schwitz est d'une taille au-dessus de la moyenne ; sa robe varie du brun, quelquefois fauve, au gris foncé. L'intérieur des oreilles et le dedans des cuisses sont d'une teinte jaunâtre ; les vaches chez lesquelles cette teinte est plus claire sont moins recherchées. La tête est lourde, les oreilles sont longues et garnies de longs poils à l'intérieur. Leur construction s'est un peu améliorée. Nourries d'aliments abondants et de bonne qualité, les vaches sont d'excellentes laitières. Celles qui étaient exposées à Londres présentaient un joli ensemble; quant aux taureaux, ils étaient beaucoup moins bons. En effet, il est à remarquer que les mâles et surtout les bœufs de cette race atteignent une taille parfois gigantesque, dont les formes sont loin d'être harmonieuses. Les schwitz sont très-répandus dans les pays limitrophes de la Suisse, c'est ainsi qu'on les rencontre dans le Tyrol et dans notre région française du nord-est.

Quoi de plus disgracieux que le bétail fribourgeois, avec sa tête massive, son encolure épaisse, son arrière-train plus élevé que la partie antérieure du corps et sa queue attachée si haut que cela frise la difformité? Cependant cette race a eu, elle aussi, sa vogue parmi nous; heureusement les éleveurs se sont aperçus que son rendement n'était point en rapport avec la masse de fourrage qu'elle consomme, et qu'elle supportait d'ailleurs assez difficilement l'émigration. En somme, elle ne donne point une grande quantité de lait, lequel est plus riche en caséum qu'en principe butyreux. La variété du Simmenthal, d'une ossature plus fine et un peu plus laitière, pourrait facilement améliorer la race entière. C'est le lait des vaches de cette contrée qui sert à la fabrication du fromage de Gruyère.

La Hollande était représentée par cinq vaches, dont

l'une appartient à un Français, M. Giot, cultivateur
dans Seine-et-Marne, qui a obtenu une médaille d'or.
Un propriétaire des environs de Harlem a obtenu le
second prix. La robe de la race hollandaise est pie
noire; une de ses variétés se fait remarquer par une
ceinture blanche sur un fond noir, qui entoure le corps
de l'animal entre les épaules et les hanches. La Frise
et les environs de Groningue nourrissent un bétail plus
recherché à cause des riches pâturages et des soins
particuliers qu'y rencontrent les jeunes animaux. Il y
a peu de pays en Europe où l'élevage soit mieux
entendu; aussi la race hollandaise a-t-elle pris un
type d'une grande uniformité et d'une constance difficilement altérable. Les qualités lactifères qui la placent
en première ligne, voire même beaucoup au-dessus,
relativement à la nourriture consommée, de toutes les
races laitières, lui ont fait une grande réputation dans
les deux mondes. Partout où on l'a transplantée, on en
a tiré de bons profits; le lait de la vache n'est pas très-
butyreux, mais il est de tous le plus riche en caséum.
La Hollande fait, comme on le sait, un grand commerce
de ses fromages, célèbres depuis longtemps dans tous
les pays.

Quelques rares animaux français appartenant aux
races charollaise, garonnaise, normande, des Pyrénées, bretonne et flamande, faisaient assez triste
figure à Battersea-Park. Seuls les charollais de M. le
comte de Bouillé, l'un de nos éleveurs les plus dis-

tingués, attiraient l'attention et ont mérité à leur
propriétaire une médaille d'or.

IV

L'ESPÈCE OVINE

L'examen des différentes races ovines va nous faire
connaître quelles sont celles qui peuvent, dans l'état
actuel de l'industrie et de l'agriculture, donner les plus
grands bénéfices aux éleveurs français; car, en étudiant les produits étrangers, nous ne perdrons point
de vue notre but, qui est de rechercher chez les différents peuples quelles sont les pratiques qui les ont conduits aux meilleurs résultats.

Nous lisions dernièrement quelque part que l'éducation des bêtes à laine, en France, tendait à perdre
de son intérêt par ce fait qu'avec le morcellement de
la propriété, le parcours devenait de plus en plus difficile. L'auteur de l'article semblait croire que le
mouton ne pouvait vivre qu'à la condition de glaner sa
nourriture par les chemins et dans les vastes pâturages.
Quant à nous, nous ne partageons nullement cette

opinion, et nous pensons, au contraire, que l'élevage du mouton doit nous préoccuper plus que jamais, et nous espérons le démontrer. De plus, nous disons que les grands parcours non-seulement ne sont pas favorables à l'amélioration des bêtes à laine, considérées comme producteurs de viande, mais encore rendent le progrès complétement impossible, et sont l'indice d'une agriculture peu avancée.

En effet, si l'on considère que le mouton gratifie annuellement celui qui l'entretient d'une toison représentant parfois le quart de la valeur totale de l'animal maigre; que son tempérament permet qu'on le parque la nuit, pendant la plus grande partie de l'année, sur les prairies ou les guérets, et que cette pratique entraîne l'économie énorme du transport de l'engrais; que le mouton est de tous les animaux le plus facile à nourrir, et que le fumier qu'il produit est le plus énergique, on ne peut s'empêcher de reconnaître qu'il est de tout le cheptel de rente celui qui paye le plus gros intérêt du capital engagé, et que l'élevage du mouton est essentiellement avantageux.

En effet, si, d'un côté, le développement considérable qu'a pris l'industrie dans ces dernières années tend à augmenter la consommation de la viande, dont le travailleur a un besoin impérieux pour réparer ses forces, la fabrication des tissus de laine a pris aussi une importance et un accroissement qu'expliquent suffisamment les besoins qui naissent des salaires plus élevés.

Ainsi donc la double production de la viande et de la laine répond aux besoins d'une civilisation nouvelle, d'une richesse toujours croissante. Examinons maintenant si les éleveurs ont bien compris la situation qui leur était faite sous ce rapport.

Si l'agriculture n'est pas, comme beaucoup d'autres industries, soumise à certaines exigences, comme celle de la mode, par exemple, qui d'une année à l'autre vient changer un genre de fabrication, elle a cependant un thermomètre qu'elle doit consulter, sous peine de végéter : c'est le marché. Eh bien, nous n'hésitons pas à dire qu'elle n'a pas suffisamment tenu compte de cette grande puissance, dont chaque industrie est le vassal. Elle a donc manqué à son mandat et méconnu ses intérêts d'abord en ne cherchant pas les moyens propres à augmenter la production de la viande, que les populations réclament plus abondante et à meilleur marché ; ensuite, en ne s'apercevant pas qu'en produisant des laines fines, elle persistait dans une concurrence dont le double et grave inconvénient est de l'appauvrir pour l'avenir, sans l'enrichir dans le présent.

C'est surtout en considérant la population ovine du royaume uni, évaluée à environ trente-cinq millions de têtes, que nous sommes frappé de ce que nous avançons. Celle de la France atteint à peine ce chiffre, malgré la grande différence qui existe dans la surface des deux pays. Ainsi, pendant que l'Angleterre entretient deux têtes de mouton par hectare, la moyenne n'est, chez nous, que de deux tiers d'une tête. Mais ce qui est plus triste encore, c'est de songer que ces trente-cinq millions de moutons anglais fournissent à peu près le double plus de viande que le même nombre n'en donne ici. M. de Lavergne estime que le produit de la population ovine chez nos voisins est de trois cent soixante millions, tandis qu'en France il ne serait que de cent quarante quatre millions! La cause de cette fâcheuse infériorité, qui menace sérieusement la richesse de notre sol, est tout entière dans la mauvaise qualité de nos races ovines, soit que nous considérions celles qui sont originaires de notre pays ou celles qui nous viennent d'importation espagnole.

Nous avons prêché bien souvent l'amélioration de nos races bovines au point de vue des intérêts du sol, en songeant à l'augmentation du bien-être qui en résulterait pour les classes laborieuses; mais, à part quelques exceptions, les partisans de nos doctrines n'ont pas parlé dans le désert; nos concours de cette année sont venus nous révéler un véritable progrès. Toutefois ce qu'il importe peut-être à un plus haut degré encore de démontrer, de faire toucher à chacun du doigt, parce que nous sommes là plus éloignés du but, c'est l'absolue nécessité de modifier profondément nos races ovines originaires, et d'expulser à jamais nos mérinos et leurs dérivés. Ce n'est plus que dans les rangs de nos immenses troupeaux transhumants du Midi que nous pourrons leur conserver un refuge.

En ce qui concerne nos moutons communs, la transformation se fera peut-être un peu lentement; mais enfin elle se fera, puisqu'elle a déjà commencé sur beaucoup de points du territoire. Quant aux seconds, la tâche sera difficile, laborieuse, car le préjugé est fortement enraciné. Il est à remarquer aussi que les contrées où on élève les mérinos sont les plus arriérées en fait de principes zootechniques. Mais rien ne doit rebuter le soldat du progrès, et, quant à nous, nous ne cesserons de lutter, convaincu de l'immensité du résultat que nous poursuivons.

Les laines se divisent en laines longues et en laines courtes. L'expérience a démontré que, sous notre climat, on pouvait produire indifféremment les unes et les autres. Mais ce qu'il importe de faire voir, c'est que les pays qui couvrent nos marchés de leurs produits ne fournissent que des laines courtes et fines, deux caractères qui s'allient généralement. Cependant, malgré cette invasion des laines de l'Australie, de l'Amérique du Sud, de la Nouvelle-Zélande, de l'Afrique méridionale et des Indes, il est à remarquer que les laines indigènes de l'Europe n'ont pas pour cela baissé de prix; qu'au contraire celles qui viennent de l'Angleterre, de la Russie, des Pays-Bas et du Danemark ont augmenté de valeur, tandis que les importations de laines fines de Saxe et d'Espagne se sont ralenties. Ceci nous prouve : 1° que nous étions dans le vrai en disant que l'agriculture française devait s'adonner de plus en plus à la production des bêtes à laine, et 2° que les laines longues sont celles auxquelles nous devons nous attacher désormais. Depuis vingt ans les importations de l'Australie en Angleterre ont augmenté, nous dit M. de la Tréhonnais dans sa *Revue agricole*, de vingt-cinq millions de kilogrammes. Celles des colonies de l'Afrique méridionale, qui n'étaient à cette époque que de quatre cent cinquante-cinq kilogrammes sont maintenant de près de sept millions de kilogrammes.

En considérant les immenses arrivages de laines fines, grevées seulement à leur entrée dans nos docks, d'un prix de transport qui ne peut augmenter, surtout en ce qui concerne l'Angleterre, comment n'être pas frappé de la nécessité de produire un genre de laine qui n'ait rien à redouter de la concurrence des colonies transocéaniques ?

Nous parlions tout à l'heure du marché, et nous disions aussi que les statistiques prouvaient, d'une part, que la valeur des laines longues avait augmenté du double, et que nos importations anglaises allaient s'élevant chaque année. Cet énorme accroissement dans l'emploi des laines longues et lustrées principalement tient à deux causes : à la fabrication toujours croissante des étoffes plus grossières; et à la vogue des tissus lustrés appelés *orléans* ou *alpagas*. Ainsi, d'un côté, nos laines mérinos ne servent qu'à la fabrication des draps fins destinés aux classes riches, c'est-à-dire à la minorité, et de l'autre, les laines anglaises

14

vont directement à la masse. Il est certain aussi que le prix des étoffes lustrées doit augmenter par ce fait, que les dernières se rapprochent le plus des tissus de soie, pour laquelle la matière première tend à faire défaut.

Telles sont les raisons purement commerciales pour lesquelles nous recommandons l'abandon de la race mérine. Maintenant, si nous passons aux intérêts agricoles, nous trouvons également, pour le conseiller, des motifs puissants. Dans la majeure partie des contrées où on entretient les métis mérinos, telles que les départements du Nord et de l'Aisne, la fabrication du sucre de betterave a développé la culture de cette plante au point qu'elle couvre présentement la moitié du sol. Nous voyons chacun se réjouir de cette alliance intime de l'industrie et de l'agriculture et crier bravo ; certains mêmes, dans leur chauvinisme, vont jusqu'à dire, en parlant de ces fermes que la vapeur de l'usine enveloppe de son manteau noir : « Où voit-on au delà de la Manche des exploitations aussi complètes ou plus prospères, des pratiques plus fécondes en heureux résultats? »

Certes, nous aussi nous avons applaudi et nous applaudissons encore ces novateurs hardis, non pas peut-être ceux qui distillent de nos grains l'alcool, dont le breuvage conduit nos populations à l'abrutissement, à la misère et à une mort prématurée; mais bien ceux qui, sur place, transforment nos racines en sucre, denrée qui apporte son secours bienfaisant dans la famille de l'ouvrier. Mais pour que les riches mamelles de notre terre de France ne viennent pas à tarir, il faut faire pénétrer dans ses entrailles des sources de vie sans cesse renouvelées ; et l'assolement des exploitations auxquelles nous faisons allusion a le grand inconvénient d'appauvrir beaucoup le sol. Pour remédier à cet épuisement, il faut absolument rendre au sol les principes que lui enlèvent ces deux nourrissons altérés, le blé et la betterave. Eh bien, que deviendrons-nous dans l'avenir, gens à courtes vues que nous sommes, si, débiteurs insolvables, nous laissons encore emporter par les fleuves les *détritus* des générations qui passent? Comment suppléerons-nous à tant de richesses perdues, si nous ne produisons pas des animaux à l'organisme puissant, qui, s'assimilant une nourriture abondante, vivent et meurent dans le temps que les nôtres mettent à atteindre la première période de leur existence? Laissons donc aux colonies transocéaniques le soin de nous approvisionner de laines fines si coûteuses à produire en Europe, et que les contrées lointaines nous envoient dans d'excellentes conditions de qualités et de prix.

M. Wilson, professeur à l'Université d'Édimbourg, dans un rapport que nous trouvons dans la *Revue agricole de l'Angleterre*, et qu'il adressa à la Société royale d'agriculture après l'exposition universelle de 1860, dont il était un des commissaires, disait : « A l'expo-

sition universelle de Paris, la qualité des laines souleva
un vif intérêt. Ce fut une toison de mérinos de Mo-
ravie qui remporta le premier prix. Cette toison pesait
trois cent quatre-vingt-seize grammes et était le
produit d'une brebis de cinq ans. Sa valeur commerciale était juste de 4 francs. Je pris texte de ce
fait pour prouver à mes confrères de juger la bonne
économie du libre échange en ce qui regarde les produits agricoles, et surtout la laine, et je leur expliquai
ce que nous faisions en Angleterre. Une discussion
s'éleva sur la question de savoir si la production de nos
laines longues ordinaires ne valait pas mieux pour
l'industrie agricole, et pour le public en général, que
celle des fines qualités du mérinos. Je leur montrai alors
la toison d'une brebis lincoln âgée de quatorze mois,
et dont le poids était de neuf kilogrammes soixante
grammes. Cette magnifique toison avait alors une valeur
commerciale de 21 francs; le prix en est aujourd'hui
plus élevé. Devant un pareil argument, il n'y avait pas
d'hésitation possible, et la question fut décidée en ma
faveur; car il est de la dernière évidence que le produit net d'un mouton lincoln, toute rude que soit sa
laine, est infiniment supérieur à celui d'un mouton
mérinos. Non content de cette victoire, j'écrivis à
M. Southey, bien connu sur la place de Londres comme
le commissionnaire le plus employé dans la vente des
laines d'Australie et de la Nouvelle-Zélande, pour le
prier de m'envoyer les meilleurs échantillons de laine

qu'il pourrait trouver sur le marché, afin de les comparer avec les meilleures et les plus fines laines de l'exposition. M. Southey m'envoya aussitôt un ballot de laine choisie sur le marché de Londres. Ce ballot pesait cent cinquante-huit kilogrammes cinq cent cinquante grammes, et la laine fut estimée par les experts français égale en qualité et en valeur commerciale à celle de la toison mérinos qui avait remporté le premier prix. Ceci prouvait d'une façon bien convaincante, que les éleveurs du continent ne peuvent lutter sur le marché avec les laines de nos colonies transocéaniques, et je crois avoir réussi à démontrer aux membres du jury français qu'il est bien plus avantageux pour les agriculteurs de l'Europe d'élever des races ovines, produisant une viande plus abondante et de meilleure qualité, et plus de laine, bien que moins fine que la race mérinos, qui ne donne que peu de viande et encore moins de laine. »

Il résulte des calculs que nous venons de présenter, que le revenu donné par le mouton anglais est, à surface égale, six fois plus élevé que chez nous. Pour faire disparaître une disproportion aussi funeste que honteuse, il n'y a pas d'autre moyen à employer que le croisement pour la régénération de nos races indigènes et pour la transformation des races espagnoles. Ici la sélection serait tout à fait impuissante, surtout en ce qui concerne le mérinos et ses dérivés. En effet, ces races sont trop anciennes, leurs défauts trop persis-

14.

tants, trop invétérés depuis des siècles par la négligence, pour qu'il soit possible d'en changer l'atavisme par l'atavisme lui-même. Il faut donc chercher à corriger cet atavisme si défectueux par des éléments étrangers à la race qu'on veut améliorer. Les Anglais possèdent des races types admirables et d'une grande fixité, auxquelles il faut avoir recours. Plus tard nous exposerons nos théories sur le croisement; d'ailleurs, les résultats qu'on en a obtenus parlent plus haut que tous les raisonnements. Les familles dishley-mérinos constituées par M. Vart, dans les bergeries de l'État, celle de la Charmoise, créée par M. Malingié, le beau troupeau de M. Plucher de Trappe, sont là pour affirmer l'excellence du système. Nous avons suivi attentivement dans les concours des essais de cette pratique faite par les éleveurs sur nos races ovines françaises, et nous avons toujours été frappé de l'amélioration rapide obtenue. Dans l'arrondissement de Château-Gontier, par exemple, la race du pays, qui n'est qu'une variété des moutons de Mortagne, à la tête busquée, dont le corps, taillé comme celui d'un levrier, est monté sur de vraies échasses, la race, disons-nous, s'est sensiblement améliorée dans ces dernières années par l'importation des béliers anglais.

L'Angleterre, elle-même, sous le règne de Georges III, avait cédé à l'engouement qu'on avait alors en France pour les mérinos; mais bientôt les cultivateurs s'aperçurent des maigres produits qu'on en obtenait et

s'attachèrent à l'amélioration des races ovines originaires, en mettant de côté toute prétention d'obtenir
des laines fines. Backewell surtout fut le grand initia-
teur de son pays, et l'on peut dire que c'est à son génie
qu'on peut attribuer les richesses que nous constatons
aujourd'hui de l'autre côté de la Manche. Si l'Angleterre s'est créé avec ses colonies une prospérité qu'elle
a su doubler par ses manufactures, nous aussi nous
pouvons, avec notre terre d'Afrique, à laquelle nous
devons demander la production des laines fines, rivaliser
avec nos voisins, et dissiper enfin les sombres prévi-
sions auxquelles nous faisons allusion dans le cours de
ce travail.

Après avoir examiné quelles sont les races ovines
auxquelles nous devions nous attacher au point de vue
de la rémunération du travail et de la fertilité du sol,
nous allons passer en revue les différentes races en-
voyées par l'Europe à Londres. Pour suivre l'ordre du
catalogue lui même, nous commencerons par celles de
l'Angleterre. Ces dernières se divisent en races à laine
longue et en races à laine courte. Les premières se
composent des leicesters ou dishleys, des lincolns, des
costwolds et des kentishs ou romney-marsh; les secondes sont les southdowns, les shropshires, les hampshi-
res et les oxfordshire-downs. En dehors de ces grandes
catégories, l'espèce ovine de l'Angleterre comprend
encore les dorsets, les moutons à tête noire et les cheviots, aussi à laine courte.

C'est à Backewell qu'on doit l'amélioration des moutons du Leicestershire; cet homme de génie avait
remarqué que les animaux doués de certaines qualités,
construits d'une certaine façon, s'engraissaient plus
facilement que les autres. Il résolut donc de fixer ces
caractères dans la race, en choisissant toujours comme
reproducteurs mâles ou femelles les sujets qui se rap-
prochaient le plus du type qu'il avait rêvé et que la
zootechnie, dans l'enfance à cette époque, a depuis
adopté comme le plus parfait, le plus propre à constituer l'animal de boucherie. Une tête légère, un corps
long et cylindrique, des membres courts et minces,
en un mot, une ossature fine, tel est l'idéal qu'il a
fini, après bien des années de travaux persévérants,
par réaliser dans sa ferme de Dishley. C'est du nom de
cette exploitation qu'est venue l'appellation dont on
désigne souvent les moutons du Leicestershire ou newleicesters. Bientôt le bruit des résultats brillants obtenus par Backewell se répandit et chacun voulut posséder des animaux de cette nouvelle famille. Le
fermier de Dishley-Grange résolut d'établir des loca-
tions annuelles de béliers; elles obtinrent un succès
énorme. Une société s'étant formée en 1789 pour la
propagation des newleicesters, on rapporte qu'elle loua
le troupeau de béliers au prix énorme de 150,000 francs.

Le dishley est doué d'une grande précocité : on
peut l'engraisser dès l'âge d'un an; à dix-huit mois il
a acquis tout son développement et donne en moyenne

cinquante kilogrammes de viande nette et souvent davantage. A cet âge, il peut fournir sept livres de laine lavée à dos. Les femelles sont bonnes nourrices et donnent fréquemment deux agneaux. Originaires des plaines basses et fertiles, ces moutons ne s'engraissent que dans des conditions analogues; partout ailleurs ils sont maladifs et succombent.

Comme on le voit, le grand service qu'a rendu Backewell, c'est de répandre le principe de la sélection dans les races elles-mêmes, aidé de celui de la consanguinité. Aussi le dishley, longtemps sans rival, a-t-il été atteint, dépassé même, par le costwold, originaire du comté de Glocester, qui, comme lui, offre des qualités très-grandes de précocité et de facilité à l'engraissement, et dont la laine est également longue et lustrée. Le costwold arrive à un poids plus considérable encore et a l'avantage d'être un peu plus rustique; les importations que nous en avons vu faire dans l'Ouest de la France ont mieux réussi que celles du leicester. Les brebis sont toutefois moins bonnes nourrices que celles de cette dernière race. C'est dans les provinces de l'Ouest de l'Angleterre, dont le climat est très-humide, que les costwolds ont surtout prospéré.

Une autre variété de ces moutons à longue laine est celle du Lincolnshire, comté pour ainsi dire conquis tout entier sur la mer, et qui, en raison de son niveau très-bas, est le grand déversoir où les eaux des con·trées voisines, qui le dominent, viennent tomber pour être rejetées ensuite dans la mer, au moyen de pompes à vapeur placées le long des digues. La laine du lincoln est la plus recherchée de toutes, en raison de ce qu'elle est la plus lustrée.

La race des marais de Romney est connue en France sous le nom de newkent; c'est elle dont s'est servi M. Malingié pour la création de cette famille ovine de la Charmoise, assurément une des plus belles conquêtes de notre agriculture contemporaine. La laine du mouton de Romney-Marsh est un peu plus courte que celle du précédent et d'un vernis un peu moins brillant. Le poids de ces animaux atteint celui du dishley, à peu de chose près.

L'amélioration que nous venons de constater dans les races des pays bas s'étendit aussi sur les races à laine courte. Un propriétaire des dunes de Sussex, John Ellman, appliqua, vers 1780, aux moutons de sa contrée les principes qui avaient si bien réussi à Backewell. Ces animaux, vivant l'été, sur les collines, d'une herbe courte et fine, manquant de nourriture pendant l'hiver, étaient petits, mais fournissaient une viande assez estimée. Ellman résolut d'augmenter leur poids et de développer chez eux la précocité au moyen d'une nourriture abondante, sans laquelle les meilleures théories ne peuvent qu'échouer. A cette pâture de la belle saison il fit succéder un régime fortifiant, produit des terres basses qui s'étendent le long des coteaux, et dont les southdowns ne tardèrent pas à se ressentir. Mais ce fut surtout à partir de 1822, époque à laquelle Jonas Webb importa les moutons du Sussex dans le Norfolk, où il leur prodigua des soins exceptionnels, que cette race s'améliora au point qu'elle est aujourd'hui une des plus précieuses que nous possédions en Europe.

Le plus affirmatif, si ce n'est le plus savant de nos journalistes agricoles, prétend que le southdown « n'est, après tout, qu'un croisement et ne forme pas une race constante. » Il ne donne d'autre preuve à l'appui de cette opinion un peu hasardée que la teinte plus ou moins foncée de la tête ou des pattes, qui sont d'un gris noir chez ces animaux. Plus loin, le même chroniqueur dit qu'avant son voyage à Londres il attribuait à la dégénérescence ce qu'il attribue maintenant à l'influence des croisements. » Nous n'entreprendrons pas de le dissuader, persuadé que ses études l'amèneront encore à revenir sans fausse honte sur son premier jugement, quoiqu'il proclame que pour lui, « la lumière est faite! » Toutefois, nous dirons que M. Jonas Webb lui-même, et nous avons dans sa parole une entière confiance, nous a affirmé qu'il n'avait jamais introduit dans sa bergerie de sang étranger ; que c'était par le seul procédé *in and in* qu'il avait su fixer dans le troupeau de Babraham les qualités qui l'ont fait apprécier dans le monde entier. De plus, il paraissait convaincu que John Ellman et ses contemporains n'avaient amélioré la race que par la sélection. Malgré l'assertion de notre confrère, nous nous en tiendrons donc à l'opinion du célèbre éleveur.

Parmi les moutons à laine courte et qui se distinguent aussi par une tête et des pattes plus ou moins noires, nous citerons le shropshire, le hampshire et l'oxfordshire-down. Le plus parfait des trois est le premier, qu'on rencontre dans les comtés de Salop, Warwick, Statfford, Glocestershire et Worcestershire. Il est d'une construction parfaite et peut concourir pour le poids avec le dishley.

Nous mentionnerons seulement les dorsets, les moutons à tête noire et les cheviots, dont on ne peut guère conseiller l'importation. Cependant la race cheviot est précieuse; protégée par une toison courte et épaisse, elle peut vivre sur les chaînes intermédiaires de l'Angleterre, dont elle utilise la triste végétation. Comme le progrès a pénétré partout dans ce royaume, terre privilégiée de l'agriculture, ces moutons ont subi aussi, nous a-t-on dit, leur transformation, et certains de ceux que nous avons vus à Battersea-Park nous ont semblé fort améliorés. Originaires des Cheviots, on les rencontre aussi dans les pays de Galles et de Cornouailles. John Sinclair les a introduits en Écosse; ils se sont répandus dans les Highlands d'où ils chassent la race à tête noire des bruyères, plus rustique encore, et qui se réfugie sur les hautes cimes.

Nous pensons être utile aux éleveurs français en leur signalant les noms de leurs confrères d'outre-

Manche, qui ont obtenu les médailles d'or ou qui passent pour avoir les meilleurs troupeaux des races qui
peuvent être utilement importées chez nous. Ce sont,
pour les leicesters, MM. William Sanday, à Holme Pier-
repont(Notts); Pawlett, à Beeston, Sandy (Bedfordshire),
et Lovel, à Driffield (Yorkshire). Dans les lincolns, ce
sont MM. Bumpstead Marsall, à Brandston (Lincolnshire),
et John Clarke, à Long-Sutton (Lincolnshire). Dans les
costwolds : MM. William Garne, à Bolbury, Fairford
(Glocestershire); William Lane, à Norsleach (Glocestershire), et Handy à Cheltenham, dans le même comté.
Dans les kentishs : MM. Murton, à Ashford (Kent), et Th.
Blake, à Folkeston (Kent). Comme nous l'avons dit, peu
de temps avant sa mort Jonas Webb avait renoncé à
l'élevage du mouton avec lequel il s'était amassé une
belle fortune en même temps qu'une grande réputation.
Les éleveurs le plus en renom à cette heure pour les
southdowns sont : lord Walsingham, à Merton-Hall,
Thetford (Norfolk); lord Radnor, à Coleshill-House
(Highworth), et M. Ridgen, à Brighton (Sussex). Pour
les shropshires, ce sont : MM. Horton, à Schrewsbury
(Salop); Th. Horley, à Leamington ; Warwick et Crane,
à Schrewsbury (Salop).

La France avait envoyé vingt-six animaux mâles et
femelles de l'espèce ovine, fournis par les départements de Seine-et-Marne, Seine-et-Oise, Eure-et-Loir,
Loiret et Aisne. Une grande médaille d'or a été accordée à MM. Lefebvre, à Sainte-Escabelle (Seine-et-Oise).

Plusieurs personnes se sont plaintes de ce que le jury avait attaché plus d'importance à la construction des animaux qu'à la qualité de leur laine. Cette remarque a été consignée dans le *Journal d'Agriculture pratique ;* mais voilà qu'un cultivateur, probablement très-épris de la laine du troupeau primé à Londres, répond à cette feuille, en rejetant cette conclusion, que les primes ont été données plutôt à la forme de l'animal qu'à la finesse de sa toison. Nous pensons que M. Rousseau a bien raison de revendiquer la priorité qu'à son dire on aurait donnée à la laine sur la bonne construction, car du jour où la laine n'est plus mise en première ligne, le mérinos n'a plus sa raison d'être. Quant à nous, il nous importe peu de savoir si les Anglais chargés de juger les moutons que nous leur avons envoyés sont plus ou moins aptes à distinguer la valeur d'un produit, qu'ils ne sont pas souvent à même d'apprécier, mais ce qui ressort de la discussion à laquelle leur jugement a donné lieu, c'est que la production des laines fines a fait son temps en France.

Ce n'est que dans l'espèce ovine que l'Allemagne a fourni son contingent à l'exposition agricole de Londres ; il se composait de vingt et quelques têtes appartenant à la race mérinos, et venant de la Saxe, du Hanovre et de la Poméranie. C'est en 1763 que cette dernière a été importée d'Espagne sur les bords de l'Elbe. Les souches auxquelles on a eu recours étaient des plus pures ; aussi la laine électorale jouit-elle encore maintenant d'une grande réputation dans toute l'Europe. Il se forma aussi en Saxe des métis, issus des mérinos purs et de la race locale, qui ne le cédèrent bientôt en rien aux types améliorateurs, pour la finesse et le moelleux de la laine. Aujourd'hui le mérinos saxon a détrôné complétement le mouton espagnol, et les laines dites électorales ont presque complétement pris la place qu'occupaient celles de l'Espagne et du Portugal sur le marché de Londres.

Il existe à cette heure bien peu de moutons mérinos purs en Allemagne; nous croyons que même dans la bergerie royale de Loehmen, en Saxe, où on les a conservés longtemps, ils sont en minorité et qu'ils ont été définitivement remplacés par les métis, jouissant de tous les caractères qui distinguent la race type, caractères qui se perpétuent avec une grande constance de génération en génération. Nous nous réjouissons d'un tel succès, car il vient affermir notre foi dans les produits qui naissent en France depuis quelques années du croisement de nos diverses races indigènes avec les races anglaises. Le temps n'est pas encore venu de récolter des succès analogues à ceux que nous venons de constater, mais nous disons qu'avec de la persévérance et du discernement, nous ferons chez nous ce que d'autres ont inauguré si heureusement.

V

L'ESPÈCE PORCINE

Nous n'aurons à nous occuper que des races anglaises; car, à l'exception d'un seul animal français, les
autres races de l'Europe étaient absentes. Hâtons-nous
d'ajouter que cette abstention a été sage.

On sait avec quelle rapidité les différentes races
porcines créées par nos voisins se sont répandues, soit
en Allemagne, soit chez nous. C'est qu'en effet elles
répondent à des besoins que les races que nous pouvons appeler naturelles ne pouvaient satisfaire. Dans
les plus petites fermes, on a pu apprécier le mérite
d'animaux si précoces et qui s'engraissent pour ainsi
dire à vue d'œil avec l'équivalent d'une nourriture qui
n'eût pas même suffi à l'entretien des porcs indigènes.

Il se présente dans l'étude des procédés d'amélioration employés par les Anglais un fait tout nouveau chez
eux. A l'encontre de ce qu'ils avaient pratiqué pour
leurs races bovines et ovines, ils ont eu recours au

croisement pour transformer l'ancienne espèce porcine de l'Angleterre, qui a presque complétement disparu.

On peut diviser les porcs anglais en deux grandes
catégories, c'est-à-dire les grandes et les petites races.
Chacune d'elles possède des familles noires ou blan-
ches.

La grande race du Yorkshire est le plus généralement blanche et le résultat du croisement de la race
du pays avec le verrat indien. Nous en dirons autant de
la petite race blanche appelée coleshill, new-lei-
cester ou yorkshire.

Une des plus estimées est la petite race noire d'Essex.
C'est à lord Western, qui vivait au commencement de
ce siècle, qu'on en est redevable. Ce gentilhomme,
frappé dans un de ses voyages de la conformation cu-
bique des porcs des environs de Naples, en importa
dans ses terres et régénéra par là la race de son comté.
Cette amélioration fut poursuivie avec un grand succès
par M. Fisher Hobbs, l'un des agriculteurs les plus
distingués de la Grande-Bretagne, et dont tous les Français qui ont suivi les concours internationaux des deux
côtés du détroit ont pu apprécier la parfaite urbanité
et la grande intelligence.

Cet éleveur a suivi dans sa ferme de Marks-Hall, la
pratique mise en œuvre à peu près dans le même temps
par M. Malingié, dans la création de la famille ovine
de la Charmoise. Voici comment il opéra : Il allia d'a-

bord entre eux des porcs berkshire et des porcs du
comté d'Essex, puis il croisa leurs produits avec le
verrat amélioré napolitain-essex. On comprend aisément que l'atavisme des deux vieilles races s'étant
annihilé par le seul fait du mélange des deux sangs,
la création de lord Western ait pu imprimer de suite
le cachet qui la distingue. Cette famille nouvelle est à
cette heure parfaitement fixe et s'est répandue dans
beaucoup de pays, où ses produits ont acquis une
grande réputation.

A côté des essex Fisher-Hobbs, deux familles de la
petite race blanche du Yorkshire ont aussi chez nous,
et peut-être plus encore que la précédente, obtenu la
faveur de nos éleveurs ; ce sont celles connues sous le
nom de Windsor et de Radnor. La première tient son
nom de la ferme du palais de ce nom, où feu le prince
Albert poursuivait avec un grand succès une carrière
agricole, interrompue, hélas ! si brusquement par la
mort. La seconde est le résultat des heureux efforts
du comte Radnor, qui depuis quelques années s'est acquis dans les différentes branches de l'élevage une
supériorité bien constatée, à laquelle l'administrateur de
ses domaines, M. Moore, n'est pas resté étranger. Tout
récemment ce dernier a bien voulu nous céder un jeune
verrat, destiné à entretenir dans l'état de perfection,
confirmé par de hautes distinctions, la plus célèbre de
nos porcheries françaises, nous avons nommé celle de
M. de la Valette.

VI

CONSERVATION DES CÉRÉALES

Une des questions qui doivent le plus occuper le gouvernement, les hommes de science et les cultivateurs,
c'est la conservation des grains. Aujourd'hui que l'é-
chelle mobile est remplacée par la liberté des transactions, la tâche de l'État est certainement très-simplifiée
en ce qui concerne nos approvisionnements. Mais ce
n'est pas encore assez d'avoir introduit dans nos lois
cette importante modification, source féconde de prospérité agricole et commerciale, de sécurité pour l'État
et de bien-être pour le peuple ; il faut encore venir en
aide au principe en l'entourant d'institutions qui aident
à son complet développement. Une de celles qui peuvent
le plus y contribuer, c'est le système des réserves, ayant
pour résultat simultané d'empêcher l'avilissement des
prix dans un temps de grande abondance et le taux
excessif des céréales dans les mauvaises années.

Les économistes se sont souvent préoccupés de la

question des réserves, qui intéresse à un si haut degré l'agriculture; mais la grande difficulté gît en partie dans l'application matérielle de l'idée. Car si jusqu'ici le cultivateur n'a pas gardé ses blés, ce n'est pas seulement parce qu'il a besoin d'argent, c'est aussi parce qu'il ne peut qu'à l'aide de frais trop onéreux conserver intacte sa marchandise. Donc trouver un moyen économique d'établir dans toutes les localités des greniers d'abondance serait résoudre d'un seul coup et la question des réserves et celle du prêt sur les récoltes.

Depuis longtemps l'esprit des inventeurs s'est ingénié à trouver un moyen de conserver les grains, mais sans beaucoup de succès, puisque le vieil usage du pelletage à main d'homme est encore généralement employé. Cependant plusieurs systèmes ont surgi dans ces dernières années; l'un d'eux a même été, à l'exposition de Londres, l'objet d'une récompense. Nous allons examiner s'ils contiennent la solution du problème de l'emmagasinage à bon marché et celui de la conservation des céréales.

Parlons d'abord des *greniers conservateurs* de MM. Huart et Pavy, qui ne diffèrent guère entre eux que par la matière des parois, qui sont en tôle dans l'un et en poterie dans l'autre. Au fond, c'est le même principe et le même mécanisme. Ce sont des cylindres verticaux, terminés en bas par des cônes renversés. Ces cylindres contiennent chacun 1,500 où 3,000 hectolitres de blé. Le grain est déversé par les cônes renversés dans les cribles ou tarares, ventilé, puis remonté au moyen de chaînes à godets dans les cylindres. C'est donc le pelletage mécanique substitué au pelletage à main d'homme. Le système Huart a été pratiqué à la manutention militaire du quai de Billy ; celui de M. Pavy fonctionne à la ferme de l'inventeur ainsi qu'à l'hospice des aliénés de Quimper.

Suivant nous, la manutention et le mécanisme de ces deux systèmes sont trop compliqués ; mais la raison qui leur enlève toute chance d'un grand avenir est celle-ci : pour se bien porter, le blé a besoin d'être complétement privé d'air atmosphérique, ou bien d'y être continuellement exposé ; une succession d'aération et de privation d'air est pour lui ce qu'il y a de plus funeste. Eh bien, c'est justement ce que MM. Huart et Pavy n'ont pas su éviter. En effet, le blé privé d'air, lorsqu'il est entassé dans d'immenses cylindres par quantité de 1,500 à 3,000 hectolitres, est mis de temps en temps en contact avec l'air lorsqu'il est déversé dans les cribles. Là, ses pores s'ouvrent et il fait provision d'air, c'est-à-dire de principe d'échauffement, puisqu'il est entendu qu'il gît dans l'oxygène.

M. Doyère l'a compris de même ; aussi, en principe, est-il dans le vrai en préconisant les *silos souterrains*. Toutefois nous allons examiner si ces derniers répondent bien aux exigences du commerce. Le système de M. Doyère n'est pas nouveau ; en effet, on sait qu'il était déjà en usage du temps d'Alexandre le

15.

Grand, dans le nord de l'Afrique, en Orient, chez les Romains, chez les Mores d'Espagne, en Italie, en France, en Hongrie, chez tous les peuples guerriers ou nomades, qui mettaient ainsi leurs récoltes à l'abri du pillage. Mais autres temps, autres habitudes ; à cette heure, les raisons d'alors n'existent plus, et on n'a nul besoin de conserver les grains aussi longtemps. Vouloir les garder dix ou vingt ans serait inutile ; car la perte des intérêts des sommes représentées par les blés conservés en silos augmenterait le prix de ces grains dans des proportions énormes. Des emmagasinages de cinq ans seraient certainement aujourd'hui un maximum.

L'ensilage de blés parfaitement secs, pratiqué dans des terrains imperméables à la pluie, est, il faut bien le dire, une condition *sine qua non* qui rend le système de M. Doyère, sinon impraticable, du moins d'un usage trop restreint pour qu'il puisse être accepté généralement. Ce n'est pas au commerce et à l'agriculture à se plier aux exigences des magasiniers, mais bien à ces derniers à se rendre possibles partout. En effet, un terrain très-propice à l'établissement des silos pourrait fort bien se trouver trop éloigné d'un centre commercial et de production. En outre, l'obligation de n'ensiler que des blés secs, de les dessécher avant l'ensilage, et de n'ensiler que par des temps secs, rend, disons-nous, ce système inapplicable au point de vue commercial. Voici d'ailleurs plusieurs années que son auteur essaye de le faire adopter, mais jusqu'ici les administrations de la guerre et de la marine seules en ont fait quelques essais.

Nous arrivons maintenant au *grenier aérateur* de M. Alex. Devaux, de la maison Ch. Devaux et Cᵒ, de Londres. Nous en parlerons plus longuement, car il nous semble, et d'autres, notamment M. Payen, l'ont pensé aussi, réunir toutes les conditions requises et renfermer la réponse absolue à cette question : Peut-on s'approvisionner, dans les années d'abondance, de grains conservés intacts et économiquement, puis les livrer à la consommation aux époques de disette et à un prix que n'auront accru ni les avaries, ni les frais de main-d'œuvre, ni l'intérêt des sommes consacrées à l'exécution d'entrepôts coûteux?

Entrons donc dans l'entrepôt de six mille hectolitres que M. Devaux a fait construire aux West-India-Docks, à Londres, et essayons d'expliquer ce que nous avons vu et admiré.

Sur des assises de briques reposent, presqu'au niveau du sol, des constructions, espèces de cages carrées, juxtaposées et séparées les unes des autres par d'étroits passages. Les montants et les traverses de ces cages, qui pouvaient être en bois et fonte, sont en fer et recouverts d'une armature de tôle percée de trous, comme une passoire. Chaque cage carrée a 12 à 13 mètres de haut sur 1 m. 75 à 2 m. 25 de côté.

Au centre de chaque cage est un tube également en tôle perforée, qui la traverse de bas en haut, et de 30 à

50 centimètres de diamètre, suivant sa largeur. Le blé se trouve ainsi logé entre le tube central et les parois de la cage, et sa couche est verticale au lieu d'être horizontale, comme elle l'est sur les planchers dans les greniers ordinaires.

A la base de chaque cage, et aboutissant au tube central, sont placés deux tuyaux dont l'un correspond avec l'air extérieur et l'autre avec un ventilateur mis en mouvement par un moteur quelconque, lorsqu'il en est besoin. Le premier de ces tuyaux sert à l'aération naturelle, et le deuxième à la ventilation artificielle.

Quand le blé n'est point infesté d'insectes, et qu'il n'est pas en grand état de fermentation, l'aération naturelle suffit pour le maintenir parfaitement frais et pour empêcher les insectes de s'y former. Voici comment s'établit l'aération naturelle. La couche du blé étant comparativement mince, puisqu'elle n'a environ que 70 centimètres d'épaisseur, se trouve perpétuellement en contact avec l'air ambiant, à l'extérieur par les trous de la tête des parois perforées, et à l'intérieur par le tube central en tôle perforée, au moyen du tuyau communiquant à la base avec l'extérieur. Le tube central, ouvert au sommet et à la base, fait l'effet d'une cheminée d'appel, et l'air s'y précipite avec d'autant plus de force que le blé est plus échauffé.

Lorsque le blé est infesté d'insectes, de charançons, etc., on ferme au sommet le tube central; on ferme aussi à la base dudit tube le tuyau en communication avec l'air extérieur ; alors l'air froid, lancé par un ventilateur dans le tube central, ne trouvant pas d'autre issue, passe par les trous de la tôle perforée du tube, traverse la couche de blé et ressort par les trous de la tôle perforée des parois de la cage : c'est la ventilation artificielle.

Il y a trois ans déjà que ce grenier existe aux West-India-Docks, et des expériences qui y ont été faites sur des cargaisons de blés russes et américains dévorés de charançons et dans un état déplorable de détérioration, ont réussi au delà de toute attente et défié toute critique.

Ce système est tellement simple , économique et pratique, que son succès est, à notre sens, assuré.

Déjà la corporation des docks de Liverpool, qui a de si grandes quantités de blés d'Amérique à emmagasiner, a envoyé des ingénieurs visiter le grenier de M. Devaux aux West-India-Docks, et a résolu immédiatement de construire des magasins d'après ce système.

La compagnie des chemins de fer du Sud de l'Autriche et lombard-vénitien, qui reçoit sur sa ligne tant de blés du Danube, envoya à son tour, de Vienne, des ingénieurs pour se rendre compte de l'invention, et traita pour le droit de construire des greniers semblables jusqu'à concurrence de *deux millions* d'hectolitres. Ce seront les plus grands greniers à blé connus.

Un grenier de 300,000 hectolitres est en ce moment

en voie de consrtuction à la gare de Trieste, et d'ici à trois mois il fonctionnera.

Nous croyons rendre service au gouvernement pour ses réserves de blé, aux grandes compagnies, aux magasiniers et aux cultivateurs, en insistant sur cette magnifique invention. Elle réunit tous les avantages en conservant le blé de la manière la plus absolue, non-seulement sans frais de main-d'œuvre, mais encore en l'améliorant dans une sensible proportion ; elle présente sur les greniers ordinaires 80 p. 100 d'économie dans l'entrée, la sortie et la manutention ; elle économise le terrain à construire dans une proportion de 60 p. 100 (le blé étant emmagasiné sur une hauteur de 13 à 14 mètres au lieu de l'être sur des planchers). Ainsi, par exemple, 3,600 mètres de terrain suffisent à la compagnie des chemins lombardo-vénitiens pour un grenier de 300,000 hectolitres, qui réalise une économie de 50 p. 100 dans la construction. (Le coût, en effet, est de 3 fr. 50 c. à 4 fr. par hectolitre, tout compris, toiture, murs, pose, mise en place, etc., etc.)

Nous avons dit qu'il y a 80 p. 100 d'économie dans la manutention, l'entrée et la sortie du grain. En effet, tout le travail se faisant par machines au lieu d'être exécuté péniblement par main d'hommes comme dans les greniers ordinaires, et le blé n'étant jamais remué pour être maintenu en parfaite condition, puisque l'air, en le traversant, se charge de ce soin, les frais se trouvent réduits, dans ce système, au coût du charbon consommé par la machine à vapeur lorsqu'il est nécessaire de la faire marcher pour l'entrée et la sortie des grains, et à la paye des hommes, relativement peu nombreux, puisque tout le travail se fait mécaniquement. Dans les petites exploitations, la machine à vapeur peut être remplacée par un moulin à vent ou un manége.

Quant à l'entrée et à la sortie du grain, tout le travail est excessivement simple, ingénieux et peu coûteux. Un moteur quelconque élève le blé, au moyen d'une chaîne à godets, au sommet des cages, où il est pris par une vis d'Archimède qui le déverse dans la cage même qu'on veut remplir. Quand on veut décharger le grain, une porte placée au bas de chaque cage donne passage au blé et le verse sur une courroie sans fin longeant les cages; la courroie sans fin mène le grain aux chaînes à godets, qui, à leur tour, le montent jusqu'à la trémie, le déversant dans les sacs ou les bateaux destinés à le recevoir.

Le fonctionnement de ce grenier à blé nous a vivement frappé; nous sommes convaincu que l'exemple de Liverpool et de l'Autriche sera bientôt suivi en France et ailleurs, et que le système de notre compatriote, M. Alexandre Devaux, doit résoudre le problème de la conservation des grains, qui entraîne l'application du principe des réserves.

VII

LA VAPEUR DANS LES CHAMPS

Afin de ne pas être accusé de « mettre la charrue devant les bœufs, » nous avons réservé pour la dernière de nos études sur l'exposition agricole de Londres les expériences de labourage à la vapeur qui ont eu lieu à Farningham.

La question que nous allons essayer de traiter est assez importante pour qu'il soit nécessaire de présenter un abrégé historique des tentatives de culture à vapeur. M. de la Tréhonnais, dans sa *Revue agricole de l'Angleterre*, est à peu près le seul qui ait suivi pas à pas ces expériences si intéressantes, et nous trouverons là les jalons qui doivent nous guider dans notre chemin. Bien que deux fois déjà nous ayons assisté de l'autre côté de la Manche à de semblables luttes, nous sommes heureux d'avoir l'autorisation de puiser aux sources si ˙ives qui découlent sans cesse de la plume féconde de ɔtre compatriote.

L'idée de l'application de la vapeur à la culture des

champs n'est pas nouvelle. En 1630, il apparut en Angleterre un système dont l'objet était de « rendre la terre plus fertile » au moyen d'une force motrice plus puissante et plus expéditive que celle des chevaux. Mais cette idée resta, pour ainsi dire, à l'état d'abstraction. Ce ne fut qu'un siècle plus tard, en 1767, que M. Francis Moore prit un brevet pour une machine à vapeur « afin de supplanter les chevaux, non-seulement dans la culture des terres, mais encore dans la traction des voitures. En 1770, M. Richard Lowel prenait aussi un brevet pour une locomotive portant ses rails. En 1784, James Watt émettait la même idée, sans pouvoir toutefois la faire passer dans le domaine des faits. En 1810, le major Pratt présente aussi un système pour la culture du sol « au moyen d'une série de charrues et de herses tournant sur un axe horizontal, ou bien encore deux charrues attachées à une chaîne sans fin mise en mouvement par une machine fixe et passée, aux deux extrémités du champ, dans une poulie placée sur un chariot se mouvant au fur et à mesure du parcours des charrues, etc. « En 1812, M. Chapman, et, en 1830, M. John Heathcot, de Tiverton, proposent aussi des systèmes pour la traction des charrues. En 1850, M. James Asher, d'Édimbourg, breveta une machine qui fonctionna à Carlisle en 1855. Les roues de cette locomotive étaient munies de rails portatifs, comme ceux de la machine Boydell. Il faut encore citer le système de lord Willoughby, d'Eresby, qui consiste dans l'emploi de « deux locomobiles placées à chaque extrémité du champ, de sorte que l'instrument voyage de l'une à l'autre. »

Cinq principaux systèmes se disputent maintenant la faveur des agriculteurs : ce sont ceux de MM. Fowler Smith, Howard, Brow, Coleman et Evenden. Nous en parlerons tout à l'heure. Mais nous voulons d'abord faire voir les immenses avantages que la grande culture peut retirer de cette nouvelle force, la plus grande conquête des temps modernes.

Lorsqu'on assiste, comme nous l'avons fait, au spectacle encore si nouveau d'une machine à vapeur donnant l'impulsion à la charrue ou au scarificateur, lorsqu'on voit ces instruments fonctionner sans le secours du cheval ou du bœuf, on conçoit vraiment qu'une semblable invention puisse donner aux populations rurales, en général très-superstitieuses, l'idée du merveilleux, et qu'elle leur fasse croire à quelque intervention surnaturelle. En France surtout, où la raison des choses n'apparaît que rarement à l'esprit du peuple, habitué dès l'enfance à accepter sans contrôle les fables de tous les temps, dans l'Ouest et le Midi, par exemple, de quel ébahissement ne seraient pas saisis nos paysans à l'aspect du labourage à la vapeur?

Tout s'enchaîne dans le monde des idées; aussi ceux qui pensent que l'homme est autre chose qu'un automate doivent se réjouir à l'apparition de ces nouveaux engins. On ne peut nier qu'au point de vue moral, l'introduction de la vapeur dans la ferme ne soit le point de départ obligé d'une nouvelle vie pour l'ouvrier des champs. Appelé à guider cette force prodigieuse, il s'identifie pour ainsi dire avec la pensée de l'inventeur, avec la science du constructeur ; il n'est plus un simple manœuvre, un être passif, il devient une force intelligente, un homme libre !

Quel progrès et quel bien-être pour l'ouvrier depuis le jour où ses bras devaient, avec le fléau, faire sortir le grain de son enveloppe ! Aujourd'hui, à l'aide de la vapeur et des instruments perfectionnés, l'homme voit son champ labouré et ensemencé, ses récoltes coupées et battues, et son blé séparé de l'ivraie. Son labeur ayant diminué, l'équilibre s'est rétabli, la séve humaine, sans cesse épuisée par les efforts constants de la matière, a pu reprendre son cours normal. Ne pense-t-on pas aussi que cette migration vers les villes ne puisse être arrêtée par l'appât d'un travail qui élève l'esprit en ménageant le corps, et aussi par la certitude d'un salaire plus élevé, résultat nécessaire de la plus-value de la terre, rendue plus productive ?

A ces considérations toutes morales que nous ne faisons qu'effleurer se joignent d'autres intérêts que nous allons indiquer.

Pour bien apprécier les avantages qui résulteront pour la société de l'emploi de la vapeur dans les travaux des champs, on peut se demander ce que deviendraient les manufactures si elles étaient privées du secours de la vapeur. Et cependant les conditions mêmes de l'existence ne sortent-elles pas du sein de la terre? n'est-ce pas l'agriculture qui fournit à nos besoins les plus impérieux? Eh bien, dans l'état actuel des choses, ces produits, qui font la vie, arrivent sur nos marchés grevés des frais énormes d'un travail lent et dispendieux. Il nous sera facile, en suivant les calculs de M. de la Tréhonnais, de donner une idée de la différence qui existe entre le travail des chevaux et celui de la vapeur.

Suivant lui, un cheval vivant coûte 3 francs par jour; un cheval-vapeur, dont la force est égale à celle de deux chevaux vivants, ne coûte que 1 fr. 50 c. tout au plus. Sur une exploitation de 200 hectares, qui emploie 25 chevaux pendant 248 jours de l'année, déduction faite des dimanches et fêtes et des jours de repos forcé, la nourriture seule de ces animaux, pendant 120 jours de chômage, se monte à 9,000 francs par an, tandis que le cheval-vapeur ne dépense que quand il travaille.

Les animaux de travail consomment au moins le cinquième du produit de la terre cultivée; en calculant les produits agricoles de la France, par exemple, à 5 milliards, on peut sûrement conclure que les animaux de trait coûtent à l'agriculture, pour leur nourriture seulement, 1 milliard par an.

En supposant que le sol de la France soit aussi bien cultivé qu'il devrait et qu'il pourrait l'être, les 34 millions d'hectares de sa surface, en calculant 1 cheval par 10 hectares, devraient employer la force motrice d'au moins 3,400,000 chevaux ou leur équivalent en bœufs. Si l'on évalue à 500 fr. la valeur moyenne de ces chevaux, cela fait un capital de 1,700 millions que l'agriculture est obligée d'émettre pour le travail seulement. Maintenant, qu'on calcule la dépense de cette énorme quantité d'animaux de trait à 3 francs par jour, chaque cheval coûte donc à peu près 1,000 francs par an; 3,400,000 francs, multipliés par cette somme, donnent 3,400,000,000. En déduisant soit 100 francs de chômage par an, chaque cheval fait donc 300 francs de dépenses inutiles; soit, pour 3,400,000 chevaux, la somme énorme de plus de 1 milliard.

On voit par là, tant au point de vue moral qu'au point de vue économique, de quelle importance serait pour les pays de grande culture l'emploi de la vapeur dans les travaux des champs.

L'appareil Fowler, que nous avons vu fonctionner dernièrement dans les champs de Farningham, obtenait, en 1858, au concours de Chester, la grande prime de 12,500 francs offerte par la Société royale d'agriculture au meilleur système de culture à vapeur. L'ingénieur qui, à tant de titres, méritait si bien cette distinction est certainement celui qui a le plus contribué à la solution du grand et difficile problème du labourage par la vapeur. Il est inutile de dire toutes les améliorations qu'il a fait subir à son invention ; nous dirons seulement ce qu'elle est aujourd'hui, en suivant les indications de M. de la Tréhonnais.

Cet appareil se compose : 1º d'une locomobile ; 2º d'un chariot à ancre ; 3º d'une charrue:

La locomobile, posée sur quatre roues, se place à un des angles de la pièce de terre qu'on veut labourer. M. Fowler, dans le but d'éviter l'acquisition d'une machine spéciale à ceux qui en possèdent déjà une pour les travaux de la grange, a trouvé moyen d'ajouter son appareil de halage à une locomobile ordinaire.

Le chariot à ancre se place à l'autre extrémité du champ, vis-à-vis de la machine, il se compose d'une poulie de 1 mètre 25 centimètres de diamètre, autour de laquelle s'enroule un câble sans fin. Cette poulie est fixée sur un chariot solide, reposant sur quatre roues à lames qui pénètrent dans le sol jusqu'au moyeu, afin de présenter une résistance en rapport avec la force de la traction. Une caisse en bois est en outre adaptée au chariot; on la remplit de pierres pour augmenter encore la force de contre-poids. Au-dessus de la poulie se trouve un engrenage mis en mouvement par la poulie lorsqu'on veut faire avancer l'ancre parallèlement à la machine à vapeur. Cet engrenage fait tourner un tambour sur lequel un câble est fixé par une ancre mobile, et forme un appareil de halage assez puissant pour faire avancer l'ancre à poulie à chaque parcours de la charrue.

La charrue, d'abord en bois, est maintenant en fer forgé. C'est un age double, muni d'un nombre plus ou

moins grand de socs et de versoirs. Certaines ont jusqu'à sept socs, et peuvent, par conséquent, retourner
sept bandes à la fois. La charrue est à bascule, afin que
la partie de l'age qui ne fonctionne pas s'élève au-dessus du sol. Les socs sont placés en sens inverse, ce qui
évite de retourner l'instrument. Ce dernier est monté
sur deux roues d'inégal diamètre, l'une d'elles étant
toujours placée dans la raie.

Ce système s'adapte au scarificateur, à la fouilleuse,
à la herse et au rouleau.

Voici le tableau des frais qu'entraîne l'usage de l'appareil Fowler :

1 chauffeur	3	75
1 ouvrier	3	»
2 enfants...............	2	50
Charbon (500 kilog.)	12	50
Cheval et voiture pour eau.	7	25
Transport de l'appareil...	5	»
Total.......	34	»

Il faut reporter l'intérêt à 10 p. 100 sur le prix de
l'appareil, qui est de 5,000 francs, abstraction faite de la
locomobile qui sert aux autres travaux de la ferme. La
somme de 500 francs doit être répartie sur le nombre
d'hectares que la machine aura labourés. En prenant
le chiffre de deux hectares et demi pour les terres fortes,

et celui de trois hectares un quart pour les terres légères, on arrive à une dépense de 13 fr. 20 c. par hectare dans le premier cas, et de 9 fr. 40 c. dans le second.

L'appareil Fowler fonctionnant en Angleterre sur un grand nombre d'exploitations, les chiffres que nous venons de citer ne sont nullement arbitraires.

Le système de M. Smith diffère de celui que nous venons de décrire, en ce que, dans le premier, l'instrument reçoit l'impulsion de la force motrice, au moyen d'un cabestan fixe placé vis-à-vis de la locomobile, et que celle-ci met en mouvement avec une courroie. Ce cabestan se compose de deux tambours qui se meuvent en sens inverse, et sur lesquels le câble s'enroule et se déroule tour à tour, selon la direction donnée à l'instrument. Ces deux tambours, fixés sur un bâti solide placé sur quatre roues, sont en communication directe avec la machine. Lorsqu'on veut arrêter les tambours, on a recours à un frein imaginé à cet effet ; mais ce moyen offre un grand inconvénient, en ce qu'il nécessite le secours d'un ouvrier très-soigneux.

M. Smith n'emploie pas la charrue et ne se sert que d'un cultivateur dont les tiges entrent profondément dans le sol. L'instrument est muni d'une sorte d'arc appelé par l'inventeur *turning-bovv*, auquel sont fixées les deux extrémités du câble. Arrivé au bout du champ, la partie du câble qui venait derrière l'instrument tire à son tour et tourne celui-ci vers la nouvelle direction qu'il doit prendre.

En somme, ce système offre plus d'une difficulté dans la pratique et exige à la fois un mécanicien et un ouvrier très-habiles et très-attentifs.

Le système de M. Howard a le même point de départ que le précédent, mais il a été profondément modifié, et surtout très-simplifié. Ici, les tambours sont placés sur un axe excentrique qui n'est autre que l'essieu des deux roues de l'appareil et qui les rend indépendants. Un brancard ajouté à cet axe sert en même temps à l'attelage d'un cheval et d'arc-boutant pour fixer l'appareil devant la locomobile, en s'enfonçant dans le sol. Un engrenage placé au-dessus communique le mouvement aux tambours. Lorsque le conducteur de l'instrument est arrivé à l'extrémité du champ, il agite un drapeau qui indique à l'homme placé aux tambours qu'il doit décrocher le levier qui soulève et engrène le tambour à volonté. Ce tambour, en tombant sur un frein automatique, le dégage de l'engrenage' et tout l'appareil s'arrête. L'ouvrier soulève l'autre tambour avec le levier, et l'instrument se dirige de nouveau dans le sens opposé. Il est aussi à remarquer que les ancres s'enfoncent d'elles-mêmes dans le sol par la seule tension du câble, l'homme chargé de changer les ancres est chargé de cette besogne.

Les poulies qu'on place aux angles de la pièce permettent de labourer les champs plus irréguliers,

16

voire même ceux qui sont plantés d'arbres, puisqu'il
n'y a qu'un seul câble. La machine et le cabestan
étant fixes, on peut labourer jusqu'à quarante hectares sans qu'il soit nécessaire de les déplacer.

M. Howard, l'un des agriculteurs les plus distingués
de la Grande-Bretagne, agit sur le sol au moyen de
trois instruments de son invention. C'est d'abord un
cultivateur armé de socs doubles qui évitent de retourner l'instrument au bout du champ. Le conducteur
est assis sur une des extrémités du bâti, qui est en fer
forgé. Puis ensuite une charrue tourne-oreilles, avec
trois socs qu'on manœuvre en faisant faire un demi-
tour à l'arbre au moyen d'un levier qui soulève les socs
qui sortent de terre pendant que les autres s'y enfoncent à leur tour. Cette manœuvre évite également de
tourner l'instrument. Ces deux instruments reposent
sur quatre roues. Enfin, une herse énergique, semblable à la herse Howard ordinaire, mais plus forte, et re-
cevant aussi le conducteur.

Tels sont les principaux systèmes de labourage à vapeur les plus en usage au delà de la Manche.

IX

LETTRES SUR L'AGRICULTURE MODERNE

PAR LE BARON JUSTUS DE LIEBIG

———

Un livre d'une grande portée a paru il y a quelque
temps à Munich sous ce titre : *Lettres sur l'Agriculture moderne*. Il émane de l'une des lumières de la
science, d'un des hommes qui ont poussé le plus loin
les découvertes de la chimie, M. le baron de Liebig.
La renommée de l'illustre savant est européenne,
et le cri d'alarme qu'il pousse dès la première page
mérite d'être entendu de tous. M. le docteur Swarts,
de Gand, nous donne aujourd'hui une traduction
de ce livre si instructif, où la plus spirituelle critique
se mêle aux aperçus les plus élevés, aux démonstra-
tions les plus scientifiques. Nous pensons rendre ser-

vice aux agronomes de notre pays, en leur signalant un ouvrage où ils pourront puiser tant de leçons utiles.

En face d'une si grande autorité, nous nous contenterons d'une analyse pure et simple, laissant à de plus dignes le soin de discuter à fond les théories purement scientifiques de l'auteur. C'est pourquoi nous n'exposerons ici que les faits signalés et les vues si hautes qui dominent ce livre.

Dès le début, le baron de Liebig se moque très-spirituellement de la demi-science qu'acquièrent dans les instituts agronomiques de l'Allemagne les jeunes gens qui se destinent à l'agriculture. Il les compare, lorsqu'ils sortent de ces écoles et qu'ils s'en vont appliquer à la terre des procédés plus ou moins raisonnés, au fameux *docteur vert* d'Offenbach-sur-le-Mein, qui avait acquis ses connaissances en médecine dans un hôpital où il était infirmier. Il accompagnait le médecin de service dans sa tournée et copiait exactement les ordonnances. Il tâtait le pouls du malade, examinait sa langue, et se chargeait de faire exécuter les ordres du médecin. Lorsqu'une de ces ordonnances avait réussi, il la marquait d'une croix rouge ; si, au contaire, le patient venait à mourir, il y faisait une croix noire. Lorsque le recueil lui parut complet, il se mit à pratiquer en commençant par les marques rouges et en finissant par les noires.

C'est ainsi que les jeunes agriculteurs commencent leur carrière, en tirant de leur poche les recommandations que leur directeur leur avait données après deux années de cours de sciences auxiliaires : « Messieurs, disait le professeur Walz, ne l'oubliez jamais : le fumier, le guano et les os en poudre sont et demeureront toujours l'âme de l'agriculture. » — « Ils le savaient bien, ajoute notre auteur, car on les avait persuadés que la physique et la chimie n'ont aucune utilité pour eux, que le boire et le manger soutiennent le corps et l'esprit, que le pain, la bière et le rôti sont ce qu'il y a d'essentiel pour un apprenti agronome. »

Ce n'est point de résultats immédiats que M. de Liebig se préoccupe, son regard s'étend plus loin et va scruter les bénéfices de l'avenir. Il n'hésite pas à déclarer que la plupart des agriculteurs sont des empiriques qui ne cherchent qu'à tirer le plus possible de la terre, sans se mettre en peine si leurs successeurs trouveront encore à glaner après eux sur cette terre qu'ils pressurent sans lui rendre les éléments nécessaires à la fécondation. Il déclare que le système de culture suivi par eux, depuis un demi-siècle est un système de gaspillage, « qui finira inévitablement par ruiner leurs champs et par appauvrir leurs enfants et leur postérité. » Cette prévision sinistre a déjà trouvé de l'écho, et un des hommes qui ont le plus contribué à pousser l'agriculture anglaise dans les voies du progrès par la science, l'alderman Mechi, adressait, il y a quelque temps, au *Times* une lettre sur ce sujet.

Oui, certes, le professeur allemand a grandement

16.

raison en disant que le but de la pratique agricole n'est pas seulement d'obtenir des produits d'une grande valeur, mais encore de faire en sorte que leur durée soit perpétuelle. Pour arriver là, il faut que le cultivateur recherche si les procédés qu'il applique sont conformes ou contraires aux vrais principes et aux lois de la nature. Une de ces lois règle d'abord l'accroissement des produits du sol, qui dépend de la somme des conditions de fertilité qu'il renferme; elle en règle aussi la durée, qui est soumise à la présence continue de ces conditions.

Un agronome distingué d'outre-Rhin, M. Albert Block, était de cet avis lorsqu'il disait à peu près ceci : « Une culture peut donner d'une manière durable tout ce qui est équivalent à la production de l'atmosphère; un champ auquel on enlève quelque chose ne peut conserver ni augmenter sa puissance fertilisante. »— « Tout acte du cultivateur qui sera en opposition avec cette loi, ajoute M. de Liebig, méritera le nom de *rapine.* »

M. de Liebig nous dit aussi qu'il n'existe pas de plante « qui ménage le sol ou qui l'enrichisse. » Nous nous garderons bien de le contredire; car, quel que soit l'assolement qu'on suive, si on n'a rien gagné en fumier pour la récolte suivante, les conditions de fertilité n'augmenteront pas. Certains champs seront plus ou moins longtemps pour arriver à cet état; mais, en fin de compte, le résultat sera toujours le même. Ayez soin, au contraire, de rendre au sol, après qu'il aura produit, les substances nutritives enlevées par la plante, et vous lui conserverez sa fertilité. Le profit immédiat en sera diminué, il est vrai, mais le capital aura augmenté, et c'est à cela que doit viser avant tout celui qui a quelque souci de l'avenir.

Certains États d'Amérique nous donnent un exemple frappant de l'état d'appauvrissement dans lequel peuvent tomber les terres les plus fertiles lorsqu'elles sont traitées par ce système de gaspillage contre lequel s'élève avec tant d'autorité M. de Liebig. Les colons européens qui vinrent s'établir dans ces vastes plaines encore vierges, ne possédant pour la plupart aucun capital, et n'ayant pas pour leur conquête lointaine l'amour qu'aurait pu leur inspirer le sol natal, ne songèrent qu'à puiser à ces sources de richesses qui leur paraissaient inépuisables, en n'y consacrant qu'un travail superficiel, sans jamais penser à leur restituer les éléments qu'on leur enlève sans mesure.

Le tableau suivant donnera une idée de la diminution de la production agricole dans les États du Nord et du Sud pendant une période de dix ans.

	1840.	**1850.**
	Bushels.	Bushels.
Connecticut	87,000	41,600
Massachusets......	157,923	31,211
Rhode-Island......	3,098	49
New-Hampshire...	422,124	185,568
Maine...........	848,166	269,259
Vermont.........	495,800	535,955
Total.....	2,014,111	1,063,442

	1840.	1850.
	Bushels.	Bushels.
Tenessee......	4,569,692	1,616,386
Kentucky......	4,803,162	2,142,822
Géorgie.......	1,801,830	1,088,534
Albama.......	838,052	294,044
Total....	12,012,736	5,141,786

L'auteur des *Lettres sur l'Agriculture moderne* fait un rapprochement entre ce qui se passe en Amérique et ce que nous appelons en Europe la *culture intensive*. Si l'intention qui préside à la pratique des deux systè-mes n'est pas la même, les effets en sont à peu près identiques. Le colon d'Amérique veut s'enrichir promp-tement en dépouillant le sol, et agit comme le fermier déshonnête qui, ne voulant pas renouveler son bail, épuise jusqu'à la dernière goutte la source des richesses contenues dans la terre. La spoliation opérée par la culture intensive est plus raffinée, moins brusque; aussi se fait-on illusion sur ses résultats, surtout lorsque l'enseignement agricole ne vient pas éclairer l'opinion.

La plupart des cultivateurs ne savent pas que certai-nes substances minérales fixes contenues dans le grain et dans le trèfle sont indispensables à la production de ces végétaux, et que les éléments sont à peu près les mêmes dans l'un et dans l'autre. Donc, si on vend l'un ou l'autre de ces deux produits, on nuit à la production de la plante qui lui succède. Il ressort de là, que toutes les fois que vous vendez un des produits de votre culture, vous épuisez le sol, à moins que vous ne remplaciez les substances nutritives fixes enlevées par la plante.

Les journaux agricoles prêchent sans cesse l'emploi du fumier, disant qu'il est l'agent essentiel de l'agriculture ; mais ce qu'ils ne disent pas, c'est que la grosseur d'un tas de fumier n'en fait pas la valeur, et qu'il doit avant tout posséder les conditions nécessaires à la production des substances qui ont été vendues. Un fait entre mille, qui corrobore le thème du chimiste allemand et qui prouve qu'on ne doit pas chercher dans le fumier seul, dont la composition varie à l'infini, le salut de l'agriculture, c'est que le trèfle ne veut plus pousser là où naguère encore il prospérait. Pour ne parler que de notre coin, nous dirons que dans la Mayenne, pays qui doit tant à la culture du trèfle, on est forcé de renoncer en partie à semer cette plante, qui cesse de produire. Le chaulage, le marnage, pas plus que le plâtre, n'ont remédié au mal.

Il est évident pour nous qu'on ne doit pas non plus juger de la qualité d'un engrais par *le seul rendement qu'il aura provoqué*. Il ne serait pas juste de dire, par exemple, que le guano est un meilleur engrais que les os en poudre, à cause de ce fait que le premier aurait donné tant d'hectolitres de grain de plus que le second sur la même terre ; et nous nous rallions de grand cœur à cet axiome du savant chimiste qui dit « qu'on ne doit juger de la vertu d'un engrais que par l'état dans lequel il laisse le terrain sur lequel il a été employé. » L'homme qui se propose de faire produire à la terre son maximum, sans s'inquiéter si sa méthode ne ruinera pas ses enfants, agit comme le gérant d'une affaire qui distribue un dividende sur le capital.

L'enseignement que tous doivent retirer du livre du baron de Liebig, c'est qu'il est temps de rendre aux campagnes les richesses incalculables qui leur sont enlevées par les villes. La somme des éléments de prospérité que nous envoyons dans les grandes cités sous forme de blé et de viande est incalculable. Il y a des siècles que ces richesses s'accumulent dans les villes, et il serait urgent de faire cesser un tel état de choses. Lorsqu'on songe aux résultats obtenus par l'emploi du guano dans ces derniers temps, dont l'effet a été une augmentation énorme dans la production des grains et de la viande, on ne peut s'empêcher de gémir sur l'imprévoyance des hommes. Quelles sommes immenses ne sortent pas chaque année des diverses contrées de l'Europe pour nous procurer les éléments de fertilité que nous gaspillons journellement ! Combien de navires ne sont pas frétés pour aller chercher au Chili, au Pérou, en Afrique une compensation à notre incurie ?

Jusqu'ici, l'esprit des agronomes s'est ingénié, par la diversité des cultures, par des assolements rationnels,

par l'emploi d'engrais commerciaux, à stimuler la terre
fatiguée. Mais tous ces essais ne sont que des palliatifs
à un état auquel il importe de remédier plus efficacement pour l'avenir de l'agriculture européenne. Nous
l'avons dit en commençant cet article : il n'y a pas de
plantes qui n'appauvrissent pas le sol à des degrés
divers. Ainsi la betterave et la pomme de terre enlèvent à la terre un tiers de phosphate de plus que le
blé, et en outre une grande quantité de potasse. Les
plantes commerciales, telles que le tabac, par exemple,
épuisent le sol d'une façon encore bien plus fâcheuse.
Quant à la culture de la vigne, c'est la plus nuisible de
toutes à la production de la viande et du grain, puisqu'elle ne produit pas d'engrais. En résumé, il arrive
que le producteur de grain et de viande spolie les terres
en ne leur rendant pas ce qu'une culture intensive leur
enlève, et que le vigneron et le cultivateur de plantes
industrielles spolient à leur tour le producteur de grain.

Toutes ces richesses vont, sans retour, s'engloutir
dans les grandes villes, véritables océans qui retien-
nent, sans profit pour personne, les éléments de la plus
grande prospérité. « C'est ainsi, dit le baron de Liebig,
qu'au bout d'une série de siècles, les cloaques de la
ville éternelle ont englouti tout le bien-être du paysan
romain. Or, lorsque les champs ne furent plus à même
de suffire à l'alimentation des habitants, les richesses
de la Sicile, de la Sardaigne et des côtes d'Afrique
vinrent s'engouffrer dans le même cloaque. »

Le baron de Liebig consacre un chapitre à l'agriculture chinoise, qu'il nous cite comme un modèle à suivre, et sur laquelle il a obtenu des renseignements très-précis. « Dans ce pays, nous dit-il, on n'a aucune idée des prairies permanentes, et on n'y cultive pas non plus les plantes fourragères. Le fumier y est inconnu, et cependant la terre porte annuellement deux récoltes et ne reste jamais en friche. » Le voyageur Eckeberg raconte que le froment rend quelquefois jusqu'à cent vingt fois la semence.

« On ne connaît en Chine, dit M. de Liebig, d'autre fumier que les excréments humains ; ils sont les vrais sucs nourriciers du sol. Tout cultivateur qui va à la ville vendre ses denrées en rapporte deux seaux attachés à une tige de bambou. Dans le voisinage des grandes villes, les excréments sont convertis en poudrette, qui est envoyée, sous forme de tourteaux, dans les provinces les plus reculées de l'empire. Les substances provenant des végétaux ou des animaux, telles que les tourteaux, la corne, les os, les cheveux, sont recueillies avec un grand soin. Le chaulage et le marnage sont également connus et appréciés par les Chinois. »

Un usage qui étonnerait beaucoup les cultivateurs européens, c'est le repiquage des blés. On sème le froment sur couche après l'avoir trempé dans du purin, et c'est en décembre qu'a lieu la transplantation. L'abondance de la récolte compense largement les frais. Il est vrai de dire que la main-d'œuvre n'est pas chère en Chine, pays qui renferme sur un mille carré plus d'habitants que l'Angleterre et la Hollande. Ces faits et d'autres encore, suffisent « pour prouver au cultivateur allemand que sa pratique, comparée à celle de la population agricole la plus ancienne du monde, est la pratique d'un enfant, mise en parallèle avec celle d'un homme sage et expérimenté ! »

« Une vérité incontestable qui ressort de l'agriculture du Céleste Empire, dit le baron de Liebig, c'est que les terres du cultivateur chinois ont conservé leur fertilité et se sont maintenues dans le même état de jeunesse qu'au temps d'Abraham ! Tout cela pourtant n'a qu'une seule et unique cause : le remplacement des conditions de fertilité qu'on a enlevées au sol avec ses produits, à l'aide des engrais dont la majeure partie est perdue pour l'agriculture européenne. »

Il ressort des leçons du baron de Liebig que depuis des siècles on ne cesse de demander à la terre des récoltes qui lui enlèvent des substances nutritives qu'on ne lui restitue pas. Il importe donc au plus haut point de prendre des mesures pour qu'un semblable état de choses ne vienne pas, en se perpétuant, compromettre sérieusement les ressources des générations futures. Il est certain que si le guano venait à manquer à l'Angleterre, la fertilité de son sol recevrait une atteinte funeste dont on ne peut prévoir les résultats. Est-il donc raisonnable que la production d'un pays dépende d'un engrais transporté à tant de frais de par delà les mers ?

Ne serait-il pas plus simple et plus rationnel d'utiliser celui que nous produisons chez nous ?

La ville de Munich, écoutant les conseils d'un de ses enfants les plus illustres, a pris des mesures dans le sens que nous indiquons. Il nous semble que des associations devraient se former dans toutes les villes avec le concours des municipalités, de façon que les richesses qu'elles absorbent retournent aux champs qui les ont produites. Les travaux que fait exécuter en ce moment la ville de Paris sont-ils bien d'accord avec les vœux du chimiste allemand ? Nous ne le pensons pas.

Les choses de l'agriculture préoccupent à cette heure les plus grands esprits ; ceux qui possèdent le sol doivent donc se tenir au courant des découvertes de la science pour les appliquer à la culture de la terre, qui jusqu'ici n'a guère été traitée que par l'empirisme.

X

VOYAGE AGRONOMIQUE EN RUSSIE

PAR AUGUSTE JOURDIER

———

Nous dirons quelques mots du *Voyage agronomique en Russie*, de M. Jourdier, qui est à sa seconde édition, quoique son apparition soit encore très-récente. Le grand succès obtenu par cet ouvrage s'est surtout produit en Russie, par la raison que ce sont bien plus des conseils adressés aux agriculteurs russes, qu'une relation de voyage, offrant au lecteur français un exposé complet des coutumes et des méthodes des cultivateurs du grand empire du Nord. Le *Journal de Saint-Pétersbourg* fut la chaire que choisit M. Jourdier pour l'exposition de ses leçons. A mesure qu'il s'avançait

dans les terres, qu'il découvrait le mal, il le signalait
en lui opposant le remède. Cette importante et utile
mission appartenait bien à l'auteur du *Catéchisme de
l'Agriculteur*, au gendre de M. Decrombecque, l'habile
cultivateur du Pas-de-Calais, et on peut dire que l'auteur s'y est montré aussi savant professeur qu'il avait
été heureux praticien.

M. Jourdier ne nous décrit pas les impressions qu'il
a dû éprouver à la vue de ces vastes étendues de terres
fertiles ou susceptibles de le devenir, appelées tschernozèmes, et c'est à peine s'il nous indique les rotations
culturales qui y sont en vigueur. Dès le début, l'auteur
signale trois causes principales de l'enfance de l'agriculture russe, qui sont :

1° Le manque de débouchés ;

2° L'incertitude de l'avenir de l'homme et de sa
famille ;

3° La culture extensive.

Ces trois fléaux, l'agronome français les combat
par :

1° L'établissement des chemins de fer ;

2° L'amélioration du sort des paysans ;

3° L'instruction agricole, théorique et pratique.

Il appelle ensuite l'attention sur la force la plus considérable dont le cultivateur dispose pour améliorer
ses domaines, qui est en même temps le capital le plus
délaissé, je veux dire le bétail. La Russie d'Europe

comptait, en 1857, environ 21,758,000 bêtes à cornes, 7,872,000 moutons à laine fine et 37 millions de bêtes à laine commune. Eh bien, cette richesse, on nous la montre dans un état d'abandon à peu près absolu, surtout sous le rapport hygiénique. Dans les étables, les animaux sont presque abandonnés à eux-mêmes, et l'art vétérinaire y est à peu près inconnu. Quelques empiriques seuls y ont accès, et le propriétaire ou le paysan voit chaque jour son cheptel décimé, sans paraître s'en émouvoir. M. Jourdier affirme qu'en 1859 la Russie a perdu plus de trois millions de têtes de gros bétail !

Devant une plaie si considérable, notre touriste n'en appelle pas à la sollicitude du gouvernement ; mieux inspiré, il montre au peuple russe l'exemple de l'Angleterre, où l'initiative privée a produit de si grandes choses ; il explique aux propriétaires qu'avec les puissants moyens d'action dont ils disposent, ils pourraient facilement faire l'éducation de jeunes gens qu'ils enverraient étudier à l'étranger la médecine vétérinaire, et qui reviendraient de là, répandant autour d'eux les lumières de l'Occident.

Dans aucun pays peut-être la science vétérinaire n'est appelée à jouer un rôle si fécond. M. Jourdier cite un village qui était sur le point de perdre tout son bétail de la pleuro-pneumonie, faute de savoir que l'inoculation l'en eût préservé. Malgré les postes sanitaires, établis à grandes distances, les troupeaux des

steppes, visités par des hommes ignorants, infectent
les routes du germe des maladies, à ce point que les
propriétaires riverains de ces chemins finissent par renoncer à la possession de tout bétail. Et cependant sans
troupeaux, point de fumier, agent indispensable pourtant pour arriver à une production abondante et variée.
Le sol de cette terre promise des tschernozèmes est à
peine effleuré par de mauvais instruments, d'où il
résulte que, privé des influences atmosphériques, il ne
rend pas la moitié des récoltes qu'on serait en droit
d'obtenir de sa fertilité naturelle. M. Jourdier cite le
célèbre Jéthro Tull, qui, au dix-huitième siècle, avait
passionné une grande quantité de gens pour son système de culture sans engrais. Il aurait pu également
parler du R. Samuel Smith, qui à cette heure, par le
fait seul d'une bonne préparation de la terre, est
arrivé sans engrais à une production considérable
de céréales. Ces plantes, n'allant pas chercher leur
nourriture dans les couches inférieures, demandent
beaucoup à l'air qu'elles respirent, et se contentent
pour cela d'un sol bien *ameubli*. Mais à cette culture-là
seule s'arrête le procédé du pasteur de *Lois Weedon*, qui
offre à ses nombreux visiteurs de magnifiques champs
de betteraves, dont les racines pivotantes ont besoin
de trouver profondément enfouis les principes nu-
tritifs.

Nous parlions tout à l'heure de l'imperfection des
façons données à la terre en Russie ; M. Jourdier nous

dit que les charrues n'y sont traînées que par un cheval. Il est certain que cette force est insuffisante pour agir énergiquement, si léger qu'on construise l'instrument. Mais d'où vient cette parcimonie dans les attelages? Plus la main-d'œuvre est rare, et c'est le cas en Russie, plus on doit y suppléer par l'abondance de machines. Ce n'est certes pas non plus la population chevaline qui manque, puisqu'elle s'élève à 16,299,000 chevaux !

Comme nous le disions en commençant, c'est moins à nous qu'aux Russes que s'est adressé l'auteur; aussi n'avons-nous pas trouvé dans son volume les différents types de trotteurs qu'on nous représente luttant avec un cheval au galop. Un chapitre entier est cependant consacré au cheval russe, et ses allures y sont fort vantées. M. Jourdier nous parle bien du dépôt impérial de Riazan, du haras de M. Dmitri Narishkine et autres encore; seulement il ne se montre pas un homme de cheval consommé, et à certains mots tels que ceux-ci : « ficelles anglaises, » on reconnaîtrait plutôt un de ces bourgeois chauvins quand même, qu'un agronome aussi distingué que celui dont nous nous occupons. M. Jourdier, qui est allé en Angleterre et qui a écrit sur l'agriculture de ce pays, doit savoir qu'il existe là des chevaux de tous les poids, et que même les plus lourds d'Europe naissent sur les bords de la Clyde, en Ecosse. Ce n'est pas que nous prétendions faire l'éloge de ces monstres lymphatiques;

bien au contraire, nous les défions à la lutte avec nos
percherons, bien certains que ces derniers les battront
en force, en énergie, en courage et en durée. Nous
voulons toutefois dire que les chevaux de pur sang,
qualifiés un peu à la légère « de ficelles, » sont justement ceux qui ont le plus fait et feront le plus sur nos
races indigènes, si on les emploie avec discernement.
M. Jourdier rejette la description qu'a faite M. de Mon-
tendre du cheval russe, comme n'en donnant qu'une
idée fausse ; mais il oublie de rectifier le savant hippiatre, et nous n'en saurions pas plus long que le reste
de ses lecteurs français, si nous n'eussions vu nous-
même plusieurs chevaux russes en Allemagne et ceux
que l'empereur Alexandre envoyait à l'empereur Napoléon l'an dernier. Les premiers étaient communs et
rappelaient ceux des marais de la Vendée. Quant au
présent impérial, ce sont des carrossiers noirs sortis
sans doute de la race la plus estimée en Russie, qui
n'ont cependant aucune originalité bien marquée. Ils
nous ont paru issus d'un croisement avec le cheval
anglais, qui leur avait donné une certaine distinction,
mais qui n'avait pu encore leur imprimer le cachet qui
dénote l'ancienneté d'une race. Un cheval de selle gris
faisait aussi partie du même convoi. Il provient également d'un croisement, mais cette fois avec l'étalon
oriental. Au repos, ce cheval n'a rien de remarquable, mais lorsqu'il est en action il ne manque
pas de brillant. Les allures de ces animaux n'ont

rien d'extraordinaire. Nous ne prétendons pas toutefois nier la vigueur et les moyens des chevaux russes ; nous savons, comme tout le monde, que les trotteurs du comte Orloff, par exemple, jouissent d'une grande réputation venue jusqu'ici, mais nous nous étonnons cependant qu'aucun de ces athlètes ne soit venu se mesurer avec les trotteurs d'Angleterre ou d'Amérique.

Nous arrivons ensuite à un chapitre intéressant où l'*absentéisme* pratiqué par les seigneurs nous est signalé comme plaie sociale. « Je voudrais voir entreprendre, dit M. Jourdier, une véritable croisade contre ce que j'appelle *les forces improductives* d'un pays, de façon à ce qu'on pût faire apprécier bien clairement à ceux qui sont intéressés à la question, qu'en employant leur intelligence et une partie de leurs capitaux à mettre ces forces en œuvre, ils ne tarderaient pas à augmenter leurs revenus tout en méritant bien de leur pays. Il y a là deux considérations qui se marient bien ensemble, tout en ayant l'air d'être en opposition, et qui, ainsi réunies, sont d'une puissance extrême : l'intérêt et l'amour-propre. Pourquoi donc ne chercherait-on pas à les utiliser au profit d'une grande question comme celle-ci, qui intéresse, après tout, non-seulement le bien-être de tout un peuple, mais encore la force et la dignité d'un grand État? »

Certes, cette croisade a été souvent prêchée chez nous, et le gouvernement, par l'établissement des concours universels et régionaux, par la création de la *prime d'honneur*, a fait faire un grand pas à cette question. On pourrait en effet citer chez nous de grands propriétaires qui, autrefois, se tenaient éloignés de leurs domaines les trois quarts de l'année, et qui ne s'y rendraient que pour pressurer cette pauvre terre et avec elle ceux qui l'avaient tant bien que mal fécondée de leur sueur; aujourd'hui, ces mêmes hommes font les plus louables efforts pour mettre l'agriculture au niveau des autres industries nationales.

L'auteur complète cette campagne contre les forces improductives de la Russie en indiquant plusieurs points sur lesquels il appelle l'attention du pays auquel il s'adresse. Il fait voir que l'homme n'est ni assez bien nourri, ni assez bien logé, ni assez bien couché pour produire ce qu'il devrait produire. Voici, d'après lui, le régime alimentaire d'un paysan russe : « Trois livres de pain noir par jour; à chaque fête, les plus aisés ajoutent une demi-livre de mauvaise viande; moyennant un kopeck assignat, on pourrait acheter le kwas, boisson fermentée dont il s'abreuve, et pour trois ou quatre kopecks argent, on aurait la farine de pomme de terre, les oignons et les champignons qu'il consomme. L'eau-de-vie ne se compte pas, et on n'en boit que les jours de fête, mais alors sans mesure. Il boit beaucoup ou pas du tout. »

Voilà pour l'homme. Quant au cheval, il mange ce qu'il peut trouver dans le pâturage; l'hiver, on lui

donne seize à vingt-cinq livres de foin, quelquefois de
l'avoine, mais rarement, dans les plus forts travaux
seulement, et en très-petite quantité. Ce que M. Jourdier cite comme une règle générale ne serait pas non
plus une exception chez nous, et le régime de ces deux
producteurs, l'homme et le cheval, ressemble beaucoup
dans les trois quarts de la France à celui qu'on vient
de lire.

C'est ensuite la perte des forces hydrauliques, partout négligées en Russie, et la fabrication des allu-
mettes chimiques, qui enlève beaucoup de bras à
l'agriculture et « ne lui prépare pas une génération
très-robuste. »

Une des pratiques agricoles qui laissent, à coup sûr, le
plus à désirer en Russie, c'est la fumure des terres,
qui n'a lieu en moyenne « que tous les quinze ans, et
encore à des doses relativement très-faibles. » A ceux
qui se plaignent que le fumier manque, M. Jourdier fait
voir les précieuses sources de production qu'on laisse
perdre dans les villes, et qu'il n'a vu employer que
dans un seul endroit, dans le gouvernement de
Riazan, par un Allemand qui régissait les terres d'un
seigneur.

L'auteur s'occupe ensuite de savoir quelle sera
l'augmentation probable de la richesse nationale russe
par suite de l'émancipation ; puis du crédit agricole en
espèces et du crédit en nature, c'est-à-dire le cheptel.

« La meilleure solution future que l'on puisse

désirer, dit M. Jourdier, n'est-elle pas, de transformer tous les tenanciers actuels du sol en petits et en moyens fermiers à prix d'argent? Evidemment oui, et rien ne contribuerait plus, suivant moi, à activer ce mouvement et à hâter ce moment désirable que l'introduction intelligente de quelques fermiers belges ou allemands, qui donneraient de bons exemples, et encourageraient leurs voisins par les bons résultats qu'ils obtiendraient. La Russie doit être, avant tout et par-dessus tout, agricole, car la base de ses richesses c'est incontestablement le sol; voilà pourquoi on fera bien de lui fournir des bras autres que ceux qu'elle a eus jusqu'à présent. Qu'on lui donne maintenant les moyens d'avoir tout ce qu'il faut pour les fortifier et les utiliser le plus possible, et ma conviction est qu'avant peu la richesse nationale de ce vaste empire sera non-seulement doublée matériellement, mais encore moralement et politiquement. La conséquence en est forcée. »

L'auteur consacre la fin de son volume à conseiller l'emploi des différentes plantes fourragères, de nature à préparer le plus efficacement les terres à la culture des céréales, tout en améliorant le régime alimentaire des bestiaux, qui arrêterait d'abord la mortalité effrayante qui les frappe. Enfin M. Jourdier conclut à l'application d'un levier important, celui de la comptabilité, complétement négligé aussi dans les exploitations russes; puis il nous promet un travail sur la question de la petite et de la grande propriété.

Ce qui nous a frappé dans cette étude très-intéres-
sante des moyens à employer pour faire progresser
l'agriculture russe, tout en nous impressionnant péniblement, c'est qu'une partie de notre France pourrait
s'approprier les éminents conseils donnés par M. Jourdier aux cultivateurs d'un pays encore neuf !

FIN.

TABLE

—

Imprimerie POUPART-DAVYL, rue du Bac. 30.

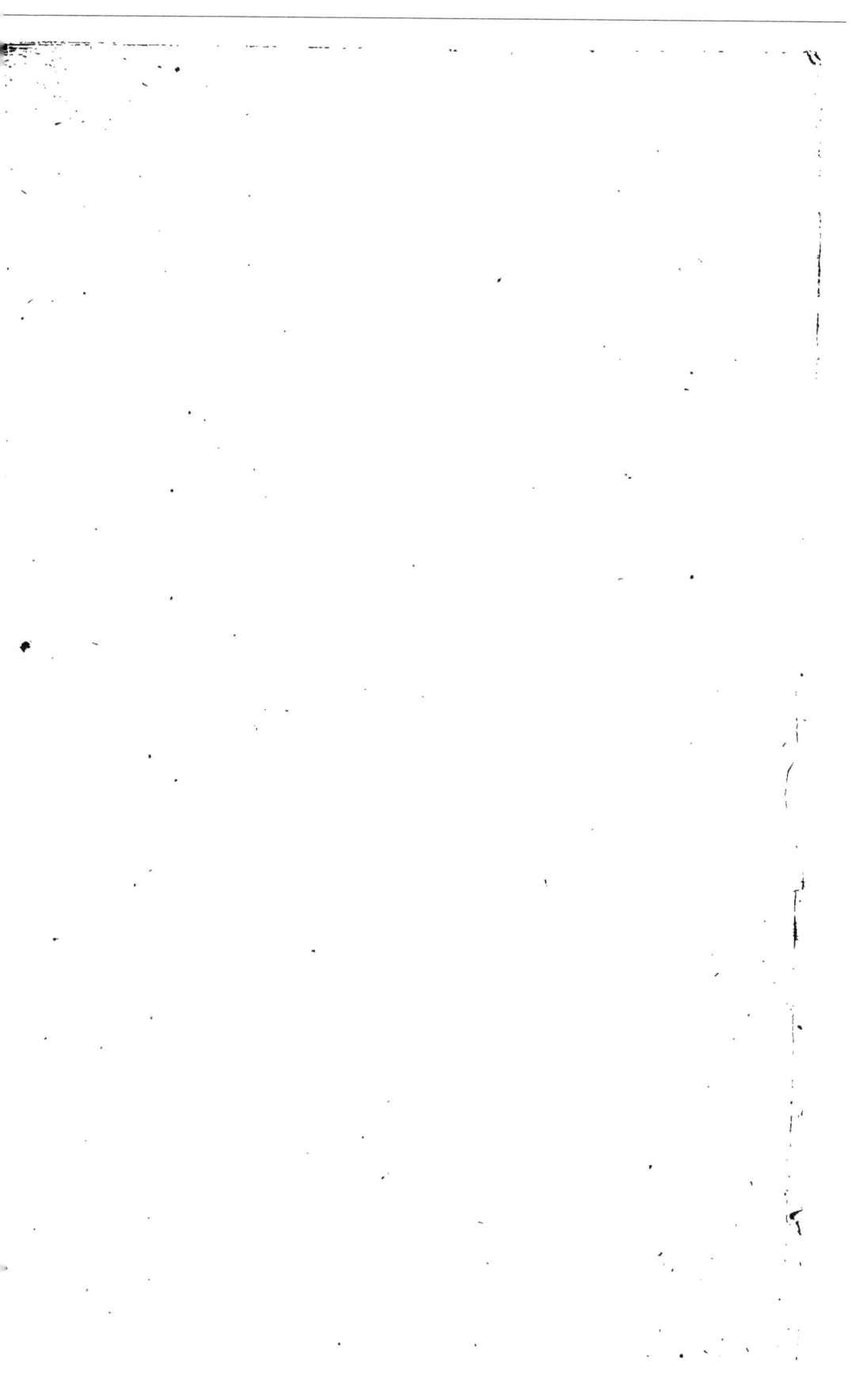

www.ingramcontent.com/pod-product-compliance
Lightning Source LLC
Chambersburg PA
CBHW060425200326
41518CB00009B/1486